La Última Llamada:

Cómo el Cambio Climático Redefine Nuestro Futuro

Francisco José Hurtado Mayén

Disclaimer

Este libro está inspirado en eventos climáticos actuales y se basa en información y datos disponibles hasta la fecha de publicación. Sin embargo, debido a la naturaleza dinámica y en constante evolución del cambio climático y sus efectos, es posible que algunos datos y estadísticas hayan cambiado o evolucionado desde su recopilación.

El autor ha hecho todo lo posible por presentar la información de manera precisa y actualizada, pero no se garantiza la exactitud o completitud de todos los contenidos. Se recomienda a los lectores consultar fuentes oficiales y actualizadas para mantenerse informados sobre el cambio climático y sus implicaciones.

Este libro tiene como objetivo fomentar la reflexión y el diálogo en torno a la acción climática y su impacto en nuestras vidas y comunidades, y no debe interpretarse como un documento técnico o científico exhaustivo.

noviembre 2024

CONTENIDO

Nos Urge Actuar 9

Costes Invisibles del Cambio Climático 37

Naturaleza y Nosotros: Equilibrio Roto 55

Sectores Clave para el Cambio 85

Gobiernos y Política Ambiental 123

Sostenibilidad en la Vida Diaria 175

la empresa hacia la Sostenibilidad 225

la Educación y la Conciencia Ambiental 277

El Futuro Está en Nuestras Manos 325

Lecturas Recomendadas 331

NOS URGE ACTUAR

En los últimos años, los eventos climáticos extremos se han vuelto más frecuentes y devastadores, dejando huellas profundas en las vidas de quienes los padecen. España ha sido testigo de fenómenos cada vez más intensos, como la reciente DANA que afectó gravemente a regiones como Valencia, Albacete y Andalucía. Estos eventos no solo suponen lluvias torrenciales y fuertes vientos; traen consigo un impacto devastador en la vida cotidiana, desde la pérdida de hogares y medios de subsistencia hasta el colapso de infraestructuras críticas.

La DANA de este año es un ejemplo claro de cómo el cambio climático está modificando nuestra realidad. En Valencia, el agua cubrió calles enteras, y numerosas familias tuvieron que ser evacuadas mientras sus hogares quedaban completamente inundados. Los daños materiales no son el único desafío, sino también el coste emocional y psicológico para quienes lo pierden todo en cuestión de horas. A medida que los equipos de rescate trabajaban para salvar vidas y recuperar lo perdido, los afectados intentaban procesar el impacto de una catástrofe que nunca imaginaron.

En Albacete, las áreas rurales y agrícolas sufrieron particularmente. Campos de cultivo arrasados, carreteras cortadas y sistemas de riego destruidos han puesto en jaque la producción agrícola, de la que dependen tantas familias y empresas en la región. La pérdida de cosechas no solo afecta a los agricultores, sino también a toda la cadena alimentaria, elevando los precios y creando desabastecimiento. El efecto dominó de estas inundaciones muestra cómo el impacto de un evento extremo puede repercutir en toda la economía y alterar la vida de millones de personas, aun cuando no lo experimenten directamente.

En Andalucía, las tormentas afectaron a zonas residenciales y a pequeñas empresas. Barrios enteros quedaron aislados, y muchos residentes se vieron obligados a abandonar sus casas, llevándose solo lo imprescindible. Para algunos negocios familiares, que ya estaban luchando por recuperarse tras la pandemia, estos daños representan una carga económica insuperable. La falta de electricidad, el corte de servicios y la destrucción de carreteras y puentes suponen un reto para las comunidades, que dependen de una infraestructura segura para la vida diaria y el desarrollo económico.

Estos fenómenos climáticos no solo arrasan con bienes materiales, sino que también alteran profundamente la estabilidad y el bienestar de las comunidades. La alteración de la infraestructura básica, como las redes de transporte, electricidad y agua potable, afecta directamente a la calidad de vida, el acceso a los recursos y el funcionamiento de las instituciones de salud y educación. Cada desastre trae consigo una secuela de problemas que requieren una respuesta urgente y efectiva.

Los eventos como la DANA de este año son una advertencia de lo que está por venir si no tomamos medidas urgentes frente al cambio climático. La frecuencia e intensidad de estos fenómenos aumentan a medida que el planeta se calienta, y esto es solo el principio de un problema mayor. Reconocer cómo estos desastres afectan la vida diaria y se entrelazan con la economía y la estabilidad social es crucial para comprender la magnitud de la crisis climática.

Historias de personas afectadas

Detrás de cada desastre natural hay rostros, historias y vidas que cambian para siempre. Los eventos climáticos extremos no son solo noticias, sino experiencias traumáticas que dejan cicatrices profundas en quienes los padecen. A continuación, compartimos algunos testimonios de personas que han sufrido en primera persona el impacto de la reciente DANA en España. Sus relatos nos invitan a ponernos en su lugar y a reflexionar sobre la vulnerabilidad de nuestras vidas frente a la fuerza imparable de la naturaleza.

Rosa y Antonio: "Todo lo que construimos en 30 años se lo llevó el agua en una noche"

Rosa y Antonio llevaban más de tres décadas viviendo en una casa que ellos mismos habían construido en una pequeña localidad de Valencia. Con esfuerzo y dedicación, habían transformado esa casa en un hogar lleno de recuerdos y proyectos familiares. Sin embargo, en una sola noche, la DANA inundó la vivienda hasta el techo. "No pudimos salvar nada," cuenta Rosa entre lágrimas. "Nos despertamos con el agua subiendo rápidamente, y lo único que nos dio tiempo a hacer fue salir corriendo con la ropa que teníamos puesta."

Antonio recuerda la devastación al regresar: "No era solo agua; era barro, muebles destrozados, paredes que parecían haberse desplomado. Todo lo que construimos en 30 años se lo llevó el agua en una noche. La sensación de impotencia es indescriptible." Para ellos, la pérdida no es solo material; es el peso emocional de saber que todo aquello que simbolizaba su historia y su trabajo ha desaparecido.

Carmen: "No sé si podré volver a empezar"

En Albacete, Carmen, una agricultora de 52 años, vive con la incertidumbre de no saber si podrá seguir adelante con su explotación de olivos. La DANA arrasó sus cultivos, destruyendo toda la cosecha de este año y dejando el suelo saturado de agua. "Para mí, la agricultura es más que un trabajo. Es el legado de mi familia, lo que me enseñaron mis padres y abuelos," explica. "Ahora veo el campo inundado y pienso en todo lo que hemos perdido."

Carmen se enfrenta a pérdidas económicas significativas que, en su caso, no están completamente cubiertas por los seguros. "Cada año se hace más difícil," dice con tristeza. "Las tormentas son más fuertes, las sequías más largas. No sé si podré volver a empezar. Tal vez es hora de renunciar a este sueño y aceptar que la naturaleza ya no nos permite seguir con la vida que conocíamos."

Lucas y Sara: "Lo perdimos todo en el negocio familiar"

Lucas y Sara, una joven pareja de Andalucía, habían abierto un pequeño restaurante familiar hace dos años. Invertir en su propio negocio era un sueño hecho realidad, un proyecto al que dedicaron sus ahorros y mucho tiempo. Sin embargo, la DANA inundó el local, destruyendo los electrodomésticos, los muebles y toda la mercadería en el almacén. "Llegamos al restaurante después de la tormenta y no podíamos creer lo que veíamos," cuenta Sara. "Había agua y barro por todas partes, parecía como si alguien hubiese destrozado cada rincón."

Lucas añade: "Somos conscientes de que habrá ayudas, pero a veces eso no es suficiente. El coste de reconstruirlo todo es enorme y, después de la pandemia, no tenemos recursos para recuperarnos de otro golpe tan duro. Nos preguntamos cada día si podremos seguir adelante o si tendremos que cerrar definitivamente."

José: "Ver cómo mi barrio se convierte en un río es algo que nunca olvidaré"

José, un vecino de un barrio en la periferia de Valencia, recuerda cómo las calles que recorría a diario se convirtieron en ríos caudalosos durante la DANA. "Escuchar las sirenas, ver a los vecinos evacuando sus casas, algunos con niños pequeños en brazos, es algo que nunca olvidaré," relata. Su casa quedó parcialmente dañada, y aunque él pudo salvar la mayor parte de sus pertenencias, la experiencia le dejó una marca emocional profunda. "Nunca había sentido tanto miedo en mi vida. Ver cómo mi barrio se convierte en un río en cuestión de minutos te hace darte cuenta de lo frágil que es todo."

Desde entonces, José vive con la ansiedad de que otro evento similar pueda ocurrir en cualquier momento. "Cada vez que anuncian lluvias fuertes, mi esposa y yo estamos en alerta. Ya no dormimos tranquilos. Esta situación nos ha cambiado para siempre."

Estos testimonios reflejan el coste humano y emocional del cambio climático. La pérdida de bienes materiales es devastadora, pero lo es aún más la pérdida de seguridad, de esperanza y de una vida construida con esfuerzo. Las experiencias de Rosa, Antonio, Carmen, Lucas, Sara y José no solo nos muestran el sufrimiento de quienes viven estas tragedias, sino que nos invitan a reflexionar sobre nuestra responsabilidad de actuar para evitar que historias como estas se sigan repitiendo.

Estos relatos personales nos recuerdan que el cambio climático no es un problema lejano; es una amenaza que está alterando vidas y comunidades enteras. La conexión emocional que sentimos al leer estas historias debe ser el motor que nos impulse a tomar decisiones conscientes, en beneficio de quienes han sufrido y de las generaciones que aún están por venir.

El clima como realidad cotidiana

El cambio climático ya no es una preocupación futura ni un problema reservado a las próximas generaciones. Hoy, sus efectos se han instalado en nuestra vida cotidiana y están moldeando tanto nuestras decisiones como nuestros hábitos y estilos de vida. El clima extremo y sus consecuencias se han convertido en parte de nuestra realidad, afectando a millones de personas de maneras que antes no habríamos imaginado.

Una de las consecuencias más sutiles pero profundas de esta crisis es el impacto psicológico que genera. La inseguridad y el temor ante fenómenos meteorológicos extremos, como las recientes tormentas en España, crean una sensación de vulnerabilidad que afecta la estabilidad emocional de quienes los experimentan directamente, y también de quienes temen ser los próximos. Este fenómeno, conocido como "ansiedad climática", afecta de manera especial a los jóvenes, que ven en el cambio climático una amenaza para su futuro. La incertidumbre que sienten al imaginar un porvenir en el que estos eventos se intensifiquen y vuelvan más frecuentes afecta su calidad de vida y ha comenzado a ser reconocido como una consecuencia directa de la crisis climática. Esta ansiedad y estrés psicológico reflejan una carga emocional que crece en paralelo con los desafíos que plantea el cambio climático.

El cambio climático también está transformando nuestros hábitos de manera tangible. En muchas regiones, las personas se ven obligadas a modificar su rutina diaria para adaptarse a esta nueva normalidad. En áreas propensas a inundaciones, por ejemplo, los residentes han aprendido a tomar precauciones que antes no eran necesarias, como mantener documentos y objetos de valor en lugares elevados o prepararse para evacuaciones rápidas. En zonas que sufren de olas de calor cada vez más extremas, actividades cotidianas como trabajar, hacer ejercicio o incluso dormir se adaptan a temperaturas que hacen que el ambiente se vuelva hostil. Esta adaptación forzada se refleja en la demanda creciente de servicios y productos que mitigan el impacto del clima, desde sistemas de aire acondicionado en lugares donde antes no se consideraban esenciales, hasta seguros contra desastres naturales en áreas que no solían necesitarlos. Este cambio de hábitos no es una elección, sino una medida de supervivencia ante un entorno cada vez más impredecible y hostil.

Además, el impacto del cambio climático va mucho más allá de las pérdidas materiales y afecta profundamente el tejido social. Las comunidades afectadas por desastres naturales no solo pierden infraestructura básica, como carreteras, hospitales y escuelas, sino que también enfrentan la compleja tarea de reconstruir sus vidas y su sentido de pertenencia. En muchas áreas rurales o económicamente desfavorecidas, donde los recursos para la recuperación son limitados, las secuelas de estos eventos se prolongan por años, afectando el desarrollo y el bienestar de sus habitantes. La falta de recursos no solo ralentiza la recuperación, sino que también incrementa el riesgo de que estas comunidades se vean empujadas al desplazamiento climático, obligando a las personas a abandonar sus hogares en busca de mejores condiciones. Esta migración forzada redefine el concepto de hogar y pertenencia, creando nuevas dinámicas sociales en un mundo donde el cambio climático impone sus propias reglas.

Hoy en día, el cambio climático es una fuerza determinante que moldea la forma en que vivimos, trabajamos y planificamos nuestro futuro. Desde la organización de nuestras ciudades hasta las decisiones que tomamos en el día a día, el clima extremo se ha convertido en un factor que influye en casi todos los aspectos de nuestra vida. El coste humano y social de esta crisis es inmenso y afecta a personas de todas las edades y circunstancias. Vivimos en un mundo donde el clima ya no es una variable estable, sino una fuerza incontrolable que puede transformar en un instante lo que conocemos y apreciamos. Tomar conciencia de esta realidad es el primer paso para enfrentarla; entender cómo el cambio climático afecta cada aspecto de nuestra vida nos permite ver la urgencia de la situación y la necesidad de tomar medidas concretas para proteger lo que aún podemos preservar.

El cambio climático es nuestra realidad actual. Adaptarnos y responder a esta crisis es nuestra única opción para proteger el presente y garantizar un futuro para las generaciones venideras.

La Evidencia Científica

El cambio climático es un fenómeno que ha cobrado gran relevancia en las últimas décadas debido a sus efectos visibles y crecientes en el medio ambiente. Para entenderlo mejor, es fundamental desglosar algunos conceptos clave. En términos sencillos, el cambio climático se refiere a las variaciones significativas y duraderas en los patrones del clima global. Aunque el clima de la Tierra ha cambiado naturalmente a lo largo de millones de años, hoy nos enfrentamos a un cambio acelerado y exacerbado por la actividad humana, lo que lo convierte en una preocupación urgente.

Uno de los factores más relevantes en este proceso es el calentamiento global, que se refiere al aumento sostenido de la temperatura media del planeta. Este calentamiento es una consecuencia directa de la acumulación de ciertos gases en la atmósfera, conocidos como gases de efecto invernadero. Estos gases, entre los que destacan el dióxido de carbono (CO_2) y el metano (CH_4), tienen la capacidad de atrapar el calor que irradia la Tierra, evitando que escape al espacio y generando un efecto de "manta" que calienta la atmósfera.

El CO_2 es uno de los principales gases responsables del calentamiento global y proviene en gran medida de la quema de combustibles fósiles, como el petróleo, el gas y el carbón, en actividades industriales, el transporte y la generación de electricidad. Este gas puede permanecer en la atmósfera durante siglos, acumulándose y aumentando progresivamente su concentración, lo que intensifica el efecto invernadero. Por otro lado, el metano, aunque se encuentra en menores concentraciones, es significativamente más potente que el CO_2 en términos de su capacidad para atrapar calor. Este gas se emite principalmente a través de actividades agrícolas (como la ganadería y el cultivo de arroz), la gestión de residuos y la extracción de combustibles fósiles.

El efecto invernadero es un proceso natural que permite que la Tierra mantenga una temperatura adecuada para sustentar la vida. Sin embargo, la actividad humana ha incrementado las concentraciones de estos gases a niveles insostenibles, intensificando el efecto invernadero y provocando el calentamiento global. A medida que la temperatura del planeta aumenta, las consecuencias se hacen evidentes: derretimiento de glaciares, aumento del nivel del mar, fenómenos meteorológicos extremos y cambios en los ecosistemas que ponen en riesgo a innumerables especies, incluida la nuestra.

Entender estos conceptos y su relación nos permite comprender mejor la urgencia de reducir las emisiones de gases de efecto invernadero y de adoptar prácticas más sostenibles. El cambio climático es un problema complejo, pero su explicación puede simplificarse: es, en última instancia, el resultado de un desequilibrio en el sistema natural de la Tierra provocado por nuestras actividades.

La actividad humana y el cambio climático

El vínculo entre la actividad humana y el cambio climático es innegable y ha sido ampliamente respaldado por la comunidad científica en las últimas décadas. Las prácticas humanas en sectores clave como la industria, el transporte, la agricultura intensiva y la deforestación han intensificado el calentamiento global y contribuido al aumento de fenómenos meteorológicos extremos, creando un impacto devastador en el clima global.

La industria es uno de los mayores responsables de las emisiones de dióxido de carbono (CO_2) y otros gases de efecto invernadero. La quema de combustibles fósiles para producir electricidad y energía en las fábricas y plantas industriales libera cantidades masivas de CO_2, que queda atrapado en la atmósfera. Según datos del *Global Carbon Project*, en 2020 las emisiones globales de CO_2 alcanzaron los 34.1 mil millones de toneladas, impulsadas principalmente por el sector energético e industrial. Esta acumulación de gases intensifica el efecto invernadero, calentando la atmósfera y alterando los patrones climáticos globales.

El sector del transporte es otro factor importante, ya que el uso de vehículos que funcionan con combustibles fósiles contribuye de manera significativa a las emisiones de gases de efecto invernadero. De acuerdo con la *Agencia Internacional de Energía (IEA)*, el transporte fue responsable del 24% de las emisiones globales de CO_2 en 2019. Cada vez que utilizamos un automóvil, un camión o un avión, estamos generando emisiones que aceleran el cambio climático. Con la creciente demanda de movilidad, las emisiones de este sector han aumentado exponencialmente, especialmente en áreas urbanas.

La agricultura intensiva también juega un papel crucial en esta crisis climática. Actividades como la ganadería generan grandes cantidades de metano (CH_4), un gas de efecto invernadero que, aunque menos abundante que el CO_2, tiene un potencial de calentamiento mucho mayor. La producción ganadera representa aproximadamente el 14.5% de las emisiones de gases de efecto invernadero, según la *Organización de las Naciones Unidas para la Alimentación y la Agricultura (FAO)*. Además, la agricultura intensiva emplea fertilizantes ricos en nitrógeno que liberan óxidos de nitrógeno, otro potente gas de efecto invernadero. Estos procesos no solo contribuyen al calentamiento global, sino que también alteran los ecosistemas y provocan la pérdida de biodiversidad.

La deforestación es otro motor significativo del cambio climático. Los bosques funcionan como sumideros de carbono, es decir, absorben y almacenan grandes cantidades de CO_2. Sin embargo, la tala indiscriminada para dar paso a cultivos, pastizales y urbanización reduce la capacidad de la Tierra para absorber el carbono. Según un estudio publicado en *Nature Communications*, la deforestación tropical es responsable de aproximadamente el 10% de las emisiones globales de CO_2. La pérdida de bosques no solo libera el carbono almacenado en los árboles, sino que también destruye hábitats naturales y pone en riesgo a miles de especies que dependen de ellos.

Los efectos de estas actividades no son solo teóricos; ya estamos viendo sus consecuencias en forma de fenómenos extremos cada vez más frecuentes e intensos. Un estudio de *Climate Central* muestra que las olas de calor en Europa son ahora 10 veces más probables que hace un siglo debido al cambio climático inducido por el ser humano. Los eventos extremos como huracanes, incendios forestales y sequías se han vuelto comunes y afectan a millones de personas en todo el mundo, causando pérdidas materiales, desplazamientos y afectando la seguridad alimentaria y el acceso al agua.

Este vínculo entre la actividad humana y el cambio climático nos deja un mensaje claro: nuestra forma de vida está contribuyendo a un desequilibrio sin precedentes en el sistema climático de la Tierra. Las cifras y los estudios científicos recientes lo confirman, subrayando la necesidad urgente de reducir las emisiones y transformar nuestros modelos de producción, transporte y consumo. La acción inmediata y sostenida es esencial para frenar esta crisis y construir un futuro sostenible.

Los efectos a corto y largo plazo

Los efectos del cambio climático se manifiestan en dos niveles temporales: a corto plazo, con eventos climáticos extremos que ya están afectando nuestras vidas, y a largo plazo, con cambios profundos y potencialmente irreversibles que podrían transformar el planeta tal y como lo conocemos. En el corto plazo, estamos experimentando inundaciones, olas de calor y tormentas cada vez más intensas y frecuentes. Estas alteraciones del clima impactan de manera inmediata a comunidades de todo el mundo, generando pérdidas materiales, desplazamientos, enfermedades y, en muchos casos, pérdida de vidas humanas. Según el informe de la *Organización Meteorológica Mundial (OMM)*, la frecuencia de las olas de calor extremo ha aumentado drásticamente en las últimas décadas, y se prevé que sigan siendo más intensas y prolongadas. En Europa, las olas de calor como la de 2019 son ahora cinco veces más probables debido al cambio climático.

Las inundaciones y tormentas intensas, como las causadas por la reciente DANA en el Mediterráneo, son cada vez más comunes. Las precipitaciones extremas se ven impulsadas por el aumento de la temperatura de los océanos, que evapora grandes cantidades de agua en la atmósfera, provocando lluvias torrenciales. Este fenómeno afecta especialmente a regiones como el Mediterráneo, donde los eventos de lluvias intensas en áreas vulnerables como las costas y las zonas urbanas densamente pobladas están poniendo en riesgo a miles de personas. Las pérdidas económicas de estos desastres son considerables; la *Agencia Europea de Medio Ambiente* estima que las pérdidas económicas causadas por fenómenos extremos relacionados con el clima en Europa alcanzaron los 400 mil millones de euros entre 1980 y 2020.

A largo plazo, los efectos del cambio climático pueden ser aún más devastadores si no se toman medidas inmediatas. Uno de los mayores riesgos es el aumento del nivel del mar, que amenaza a millones de personas que viven en áreas costeras. A medida que las temperaturas globales siguen aumentando, el deshielo de los glaciares y la expansión térmica de los océanos elevarán el nivel del mar, poniendo en peligro ciudades costeras en todo el mundo. Según el *Panel Intergubernamental sobre Cambio Climático (IPCC)*, el nivel del mar podría aumentar entre 0,6 y 1,1 metros para el año 2100 si no se reducen drásticamente las emisiones de gases de efecto invernadero. Esto tendría consecuencias catastróficas para zonas como el delta del Nilo, el sur de Asia y, en Europa, las zonas bajas de los Países Bajos y la costa mediterránea, que podrían sufrir inundaciones permanentes.

Otro de los efectos a largo plazo es la pérdida de biodiversidad. Los ecosistemas están diseñados para vivir en condiciones climáticas específicas, y el cambio en la temperatura y la disponibilidad de agua está afectando gravemente a muchas especies. En el Mediterráneo, un área rica en biodiversidad, se espera que el cambio climático provoque la desaparición de hábitats esenciales y la extinción de numerosas especies. La *Unión Internacional para la Conservación de la Naturaleza (UICN)* advierte que hasta el 25% de las especies del Mediterráneo corren el riesgo de desaparecer en las próximas décadas si las temperaturas continúan en aumento. La pérdida de biodiversidad no solo es una tragedia ecológica, sino que también impacta los sistemas agrícolas, la salud humana y los medios de vida de millones de personas.

Las proyecciones científicas dejan claro que las consecuencias a largo plazo del cambio climático pueden ser catastróficas si no se actúa de inmediato. En un escenario de inacción, enfrentaremos un planeta con climas inestables, recursos naturales escasos, desplazamientos masivos y sistemas ecológicos colapsados. La necesidad de actuar no se basa solo en una preocupación por el medio ambiente, sino en la urgencia de proteger la vida humana, las economías y el futuro de las próximas generaciones. Las investigaciones y proyecciones actuales enfatizan la importancia de implementar soluciones a gran escala ahora, antes de que estos efectos a largo plazo se conviertan en una realidad inevitable. Actuar con rapidez es crucial para evitar que estos impactos inmediatos y futuros pongan en jaque la estabilidad de nuestro planeta.

La llamada de la Naturaleza

La naturaleza nos está enviando señales cada vez más intensas y frecuentes que reflejan la magnitud de la crisis climática. Los eventos extremos que estamos presenciando no son meras coincidencias o anomalías temporales; son advertencias directas de un planeta que ha sido llevado al límite. Cada ola de calor sin precedentes, cada tormenta devastadora y cada sequía prolongada son mensajes claros de que nuestra relación con la naturaleza está rota. Estas señales son, en realidad, "llamadas de atención" que nos invitan a reflexionar y reconocer la urgencia de un cambio profundo en la forma en que vivimos y nos relacionamos con el entorno.

La frecuencia e intensidad de estos fenómenos se han incrementado de manera alarmante en las últimas décadas. Las olas de calor, por ejemplo, son ahora más comunes y severas, afectando a millones de personas y poniendo en peligro vidas humanas. En lugares donde antes el calor extremo era una rareza, ahora se experimentan temperaturas récord año tras año. La Organización Meteorológica Mundial (OMM) ha señalado que los últimos cinco años han sido los más cálidos registrados, una tendencia que no muestra signos de desaceleración. Estas olas de calor no solo causan incomodidad; tienen efectos devastadores en la salud, los cultivos y los ecosistemas, afectando cada aspecto de la vida.

Asimismo, las tormentas y huracanes han ganado en intensidad, causando destrucción masiva y desplazamientos forzosos en todo el mundo. El aumento de la temperatura de los océanos proporciona más energía a estos sistemas, generando lluvias torrenciales y vientos huracanados que arrasan comunidades enteras en cuestión de horas. Estas catástrofes dejan atrás ciudades inundadas, familias sin hogar y una carga económica insostenible para muchos países. La naturaleza está hablando en un lenguaje de destrucción y emergencia, y cada tormenta se convierte en una advertencia de lo que está por venir si no actuamos.

La sequía es otra de las manifestaciones claras de esta crisis. Regiones que alguna vez fueron fértiles se están convirtiendo en tierras áridas, incapaces de sustentar cultivos y amenazando la seguridad alimentaria de millones de personas. La falta de agua, un recurso fundamental para la vida es un recordatorio constante de cómo nuestra relación rota con el planeta está afectando los ciclos naturales que solían ser predecibles y confiables. La agricultura, las comunidades rurales y la biodiversidad están pagando el precio de este desequilibrio, y con cada año que pasa, la sequía se convierte en un problema más persistente y complejo.

La naturaleza, a través de estos eventos extremos, nos está hablando con una urgencia que no podemos ignorar. Nuestra relación con el entorno se ha vuelto insostenible, y estas "llamadas de atención" son el reflejo de un planeta que está reaccionando a siglos de explotación y descuido. Hemos roto el equilibrio que nos permitía vivir en armonía con los ecosistemas, y ahora estamos enfrentando las consecuencias. Cada fenómeno extremo es un recordatorio de que el tiempo para actuar es ahora, de que no podemos seguir ignorando las señales de advertencia de un planeta que nos pide un cambio.

Estas señales son una oportunidad para reflexionar sobre nuestro impacto y asumir la responsabilidad de cambiar el rumbo. Ignorarlas sería una negligencia que no solo afectará nuestra generación, sino que pondrá en peligro a las futuras. La naturaleza nos está dando una última oportunidad para restablecer nuestra relación con ella, para aprender de estas advertencias y tomar medidas urgentes que nos permitan vivir en equilibrio con el planeta.

Solidaridad y Empatía con los afectados

Queremos expresar nuestra más sincera solidaridad y empatía con todas las personas que han sufrido pérdidas devastadoras debido a la DANA y otros fenómenos climáticos extremos que han golpeado recientemente diversas regiones de nuestro país y del mundo. Sabemos que detrás de cada inundación, cada tormenta y cada ola de calor hay historias personales de dolor, familias que han perdido sus hogares, sus pertenencias y, en muchos casos, sus medios de vida. Este sufrimiento es real y merece ser reconocido con toda la sensibilidad y el respeto que conlleva ver cómo la naturaleza, alterada por el cambio climático, afecta a la vida de miles de personas.

Es fundamental que, como sociedad, nos unamos en apoyo a quienes están enfrentando las consecuencias de estos desastres. La empatía no solo debe quedarse en palabras; es necesario que cada uno de nosotros contribuya a tender una mano a los afectados, ya sea a través de donaciones, voluntariado o simplemente ofreciendo nuestro apoyo emocional. Además de la ayuda inmediata, es crucial que también pensemos en el futuro y en cómo podemos actuar para prevenir que tragedias similares sigan ocurriendo. No podemos permitir que este tipo de eventos se conviertan en una "nueva normalidad" que acepte el sufrimiento de tantas personas como algo inevitable.

Reconocer el sufrimiento de los afectados y unirnos en solidaridad es el primer paso para construir una respuesta social fuerte y compasiva. Al mismo tiempo, debemos entender que nuestra responsabilidad no termina con la ayuda; también implica asumir un compromiso con el cambio necesario para reducir el impacto del cambio climático. Si no actuamos ahora, estaremos condenando a futuras generaciones a vivir en un mundo donde estos eventos extremos serán aún más frecuentes y devastadores. Que este mensaje de solidaridad sirva no solo como consuelo para quienes han perdido tanto, sino también como una llamada a la acción colectiva para protegernos mutuamente y proteger el planeta que compartimos.

Una invitación a la reflexión y la acción

Este es el momento de detenernos y reflexionar profundamente sobre nuestro papel en la crisis climática. Cada uno de nosotros, tanto como individuos como miembros de una sociedad global, tiene una responsabilidad ineludible en la protección y preservación del planeta. No podemos seguir adelante con nuestras rutinas diarias sin cuestionar el impacto que generan en el medio ambiente, ni podemos ignorar las consecuencias de nuestras decisiones de consumo, de nuestros hábitos y de nuestras prioridades. La magnitud de la crisis climática exige que cada uno de nosotros mire hacia adentro y se pregunte: ¿qué puedo hacer para reducir mi huella en el planeta?

La respuesta no es simple, pero empieza con la toma de conciencia. Ser conscientes de la gravedad de la situación y de nuestra capacidad de cambio es el primer paso. Podemos adoptar pequeñas acciones diarias, como reducir el uso de plásticos, optar por medios de transporte sostenibles, ahorrar energía y apoyar productos locales y sostenibles. Sin embargo, este es solo el inicio. También es nuestra responsabilidad exigir cambios estructurales y apoyar políticas ambientales que busquen proteger los ecosistemas, frenar la contaminación y reducir las emisiones de gases de efecto invernadero. Como ciudadanos, tenemos el poder de influir en las decisiones de quienes nos gobiernan y en la dirección que toman nuestras comunidades y ciudades.

Es fundamental asumir un rol activo en esta lucha y entender que el cambio no sucederá si esperamos que otros actúen por nosotros. La crisis climática nos concierne a todos y su solución depende de un esfuerzo colectivo. Cada acción, por pequeña que parezca, suma y tiene el potencial de inspirar a otros a actuar. No podemos dejar esta carga a las futuras generaciones; es nuestra responsabilidad proteger el planeta y asegurarnos de que las generaciones venideras encuentren un mundo en el que puedan vivir y prosperar.

El tiempo para actuar es ahora. No podemos posponer más nuestras responsabilidades ni pasar la carga a quienes aún no han nacido. Este es el momento de unirnos, de tomar medidas concretas y de comprometernos con un futuro sostenible. Por nosotros, por nuestras familias y por todas las generaciones que están por venir, debemos actuar con determinación y urgencia. El planeta es nuestra casa, y protegerlo es nuestro deber innegociable.

COSTES INVISIBLES DEL CAMBIO CLIMÁTICO

El cambio climático está generando repercusiones económicas profundas y transformando sectores clave de la economía en Europa y especialmente en España. Las consecuencias afectan desde la agricultura hasta el turismo, así como la infraestructura y la industria, y están generando pérdidas económicas y poniendo en riesgo numerosos empleos. A continuación, se exploran los efectos en detalle:

Agricultura y Seguridad Alimentaria

El sector agrícola es uno de los más afectados por el cambio climático debido a su dependencia directa de las condiciones meteorológicas. En España, un país con extensas zonas agrícolas y un clima mediterráneo cada vez más extremo, el cambio en los patrones de temperatura y precipitación está impactando gravemente la producción. Las olas de calor prolongadas y las sequías recurrentes reducen las cosechas de cultivos básicos como el trigo, el maíz y el olivo, todos fundamentales tanto para el consumo interno como para la exportación.

La producción de olivo, en particular, es vulnerable a las altas temperaturas, que no solo afectan la cantidad de fruto, sino también su calidad, con repercusiones en la industria del aceite de oliva, uno de los productos más emblemáticos de España. Asimismo, cultivos como la vid, que soportan condiciones específicas de clima, están viendo disminuidas sus producciones. Un informe reciente del Ministerio de Agricultura, Pesca y Alimentación indica que las pérdidas en la producción agrícola debidas a fenómenos extremos en los últimos cinco años ascienden a cientos de millones de euros. Además, los efectos en la agricultura generan una reacción en cadena que afecta la cadena de suministro alimentario y eleva los precios de los alimentos, lo que incrementa el coste de vida y afecta la seguridad alimentaria de la población.

Las repercusiones del cambio climático en la agricultura también ponen en riesgo los empleos rurales y la viabilidad de pequeñas explotaciones agrícolas, que no siempre pueden hacer frente a las pérdidas o a los costes adicionales necesarios para adaptarse, como la instalación de sistemas de riego eficientes o el uso de variedades de cultivos resistentes al calor. La pérdida de estos empleos y el abandono de las tierras agrícolas afectan las economías locales y favorecen la despoblación de zonas rurales, un fenómeno que ya preocupa en varias regiones de España.

Turismo en Declive

El turismo es otro sector vulnerable al cambio climático, especialmente en el sur de Europa, donde representa una fuente clave de ingresos y empleos. Las regiones mediterráneas, que tradicionalmente han atraído a millones de turistas gracias a su clima cálido y sus atractivos naturales, están experimentando un impacto negativo debido al aumento de las temperaturas, el riesgo de incendios forestales y la degradación ambiental.

El calor extremo, que cada vez es más común durante los meses de verano, hace que muchos visitantes reconsideren sus destinos y temporadas de viaje, optando por lugares más frescos o visitando durante temporadas menos cálidas. Este cambio está afectando especialmente a los destinos de playa en España y en otros países mediterráneos, donde las temperaturas pueden superar fácilmente los 40 °C en verano, poniendo en riesgo la comodidad y la salud de los turistas. Además, los incendios forestales, que se vuelven más intensos cada año, destruyen áreas naturales que suelen ser grandes atractivos turísticos y obligan a cerrar zonas recreativas y rutas de senderismo, generando pérdidas tanto para las empresas locales como para los trabajadores estacionales.

La pérdida de biodiversidad en ecosistemas naturales, como parques nacionales y reservas marinas, también reduce el atractivo turístico, ya que el deterioro del medio ambiente disminuye la calidad de la experiencia para los visitantes. Según datos del Instituto Nacional de Estadística (INE), el turismo en zonas especialmente vulnerables al cambio climático podría reducirse en un 20% en las próximas dos décadas si no se implementan medidas adaptativas, lo que tendría un impacto directo en los ingresos y empleos del sector.

Infraestructura Vulnerable

La infraestructura en toda Europa, desde carreteras hasta puentes y redes eléctricas, está siendo sometida a condiciones extremas para las que no fue diseñada. Las inundaciones y las olas de calor aumentan el desgaste de infraestructuras clave, lo que eleva los costes de mantenimiento y reparación y afecta a la economía y a la vida diaria de la población.

Las inundaciones, cada vez más comunes en áreas urbanas, causan daños en carreteras y sistemas de transporte, y pueden interrumpir el suministro eléctrico y el acceso al agua potable. Estas interrupciones afectan no solo la vida de los ciudadanos, sino también el funcionamiento de las empresas, que dependen de estas infraestructuras para operar con normalidad. Las olas de calor, por otro lado, pueden causar deformaciones en el asfalto y sobrecalentamiento en las redes eléctricas, incrementando el riesgo de apagones y problemas en el transporte público.

La infraestructura costera, en particular, es vulnerable al aumento del nivel del mar y a las tormentas más intensas. En ciudades como Valencia y Barcelona, donde la infraestructura portuaria y costera es crucial para el comercio y el turismo, el impacto del cambio climático ya se está haciendo evidente. Las ciudades costeras se ven obligadas a invertir en medidas de protección, como diques y barreras, para adaptarse a estas nuevas condiciones, lo que representa un coste significativo para los gobiernos locales y nacionales.

Transformación de la Industria

La industria también está bajo presión para adaptarse a las demandas de sostenibilidad y reducir su impacto ambiental. Sin embargo, la transición hacia prácticas sostenibles y la modernización de procesos representan un coste elevado, especialmente para las pequeñas y medianas empresas que no cuentan con recursos suficientes para implementar cambios profundos. Las industrias que dependen de recursos naturales, como la energía, la minería y la fabricación, están particularmente expuestas al cambio climático, ya que el agotamiento de recursos y el aumento de las temperaturas afectan sus procesos productivos.

Las empresas que no logren modernizarse y adaptarse pueden perder competitividad, especialmente en un contexto de cambio regulatorio, en el que los gobiernos europeos están estableciendo restricciones cada vez más estrictas sobre emisiones y sostenibilidad. La transformación de la industria es esencial para cumplir con los objetivos de reducción de emisiones de gases de efecto invernadero, pero el proceso de transición también pone en riesgo empleos en sectores tradicionales y puede generar inestabilidad en algunas economías locales.

A pesar de los desafíos, varias industrias están dando pasos hacia la sostenibilidad. El sector energético, por ejemplo, está invirtiendo en energías renovables, como la solar y la eólica, para reducir su dependencia de los combustibles fósiles. La industria automotriz también está desarrollando vehículos eléctricos y tecnologías limpias en respuesta a las demandas del mercado y a las políticas climáticas. Sin embargo, para que estas transformaciones se generalicen y alcancen su máximo impacto, es necesario un apoyo continuo tanto del gobierno como de la sociedad en su conjunto.

Estas áreas muestran cómo el cambio climático afecta profundamente la economía y los empleos en Europa y España, desde el campo hasta la ciudad, y desde el turismo hasta la industria. El impacto económico va más allá de las pérdidas materiales inmediatas, amenazando la estabilidad de sectores completos y poniendo en riesgo miles de empleos. Adaptarse a esta nueva realidad requiere una acción coordinada y urgente, con inversiones y políticas que protejan tanto a los sectores afectados como a las personas cuyas vidas dependen de ellos.

La Salud Pública en Riesgo

El cambio climático no solo afecta el medio ambiente y la economía; sus efectos también tienen graves implicaciones para la salud pública. A medida que las temperaturas aumentan y los patrones climáticos se vuelven más extremos, se generan condiciones propicias para la proliferación de enfermedades, el deterioro de la calidad del aire y el estrés térmico. Además, el cambio en los patrones de cultivo y la disponibilidad de alimentos plantea nuevos desafíos en materia de nutrición y seguridad alimentaria. Esta sección explora cómo estos efectos repercuten en la salud pública y por qué es esencial adaptarse a esta nueva realidad para proteger el bienestar de la población.

Enfermedades Respiratorias y Calidad del Aire

El cambio climático y la contaminación están contribuyendo al deterioro de la calidad del aire, lo que incrementa los casos de enfermedades respiratorias como el asma, la bronquitis y otras afecciones pulmonares. A medida que las temperaturas aumentan, las emisiones de contaminantes y alérgenos también se intensifican. En las áreas urbanas densamente pobladas, donde la contaminación del aire es más alta debido al tráfico y a las actividades industriales, los niveles de partículas finas y otros contaminantes son especialmente perjudiciales para la salud. La Organización Mundial de la Salud (OMS) advierte que la exposición prolongada a estos contaminantes es responsable de millones de muertes prematuras cada año y aumenta significativamente el riesgo de enfermedades respiratorias y cardiovasculares.

Los incendios forestales, exacerbados por el cambio climático, también están generando grandes cantidades de partículas en el aire que afectan la salud respiratoria. Las olas de calor y la sequía crean condiciones favorables para la propagación de incendios, que liberan humo y contaminantes peligrosos que pueden ser transportados a largas distancias, afectando tanto a las poblaciones cercanas como a las de regiones alejadas. La inhalación de partículas finas puede agravar el asma y provocar problemas respiratorios severos, especialmente en niños, ancianos y personas con condiciones respiratorias previas. A medida que estos incendios se vuelven más frecuentes y severos, el riesgo para la salud pública continúa en aumento.

Enfermedades Transmitidas por Insectos

El calentamiento global está permitiendo la expansión geográfica de insectos portadores de enfermedades, como mosquitos y garrapatas, hacia regiones donde antes no eran comunes. Enfermedades como el dengue, el zika y el virus del Nilo Occidental, tradicionalmente presentes en áreas tropicales, están apareciendo en Europa, representando un desafío emergente para la salud pública. El cambio en los patrones de temperatura y precipitación ha creado condiciones adecuadas para la reproducción de estos vectores en zonas donde anteriormente el clima era demasiado frío para su supervivencia.

En España, por ejemplo, ya se han registrado casos de dengue y virus del Nilo Occidental en áreas donde estas enfermedades eran impensables hace unas décadas. La *European Centre for Disease Prevention and Control* (ECDC) estima que la incidencia de enfermedades transmitidas por mosquitos en Europa podría aumentar drásticamente en los próximos años si continúan las tendencias actuales de calentamiento. La expansión de estos vectores plantea una necesidad urgente de adaptar los sistemas de salud y mejorar la vigilancia epidemiológica en Europa. Los sistemas sanitarios deben estar preparados para la prevención, detección y tratamiento de enfermedades que antes no representaban una amenaza, y que ahora suponen un riesgo real para la población.

Estrés Térmico y Mortalidad por Calor

Las olas de calor extremas, cada vez más frecuentes y prolongadas, presentan un riesgo significativo para la salud, especialmente entre las personas mayores y aquellos con enfermedades crónicas. La exposición prolongada a altas temperaturas puede llevar a condiciones de estrés térmico, agotamiento por calor e incluso a golpes de calor que, si no se tratan de inmediato, pueden ser fatales. Las olas de calor también incrementan la mortalidad relacionada con enfermedades cardiovasculares y respiratorias, ya que el cuerpo humano, al intentar adaptarse a las temperaturas elevadas, experimenta una carga adicional que puede agravar estas condiciones.

Los estudios demuestran que el cambio climático ha aumentado la frecuencia y la duración de las olas de calor en todo el mundo, y Europa no es la excepción. Durante la ola de calor de 2003, que fue una de las más mortales en la historia reciente de Europa, se estima que más de 70,000 personas fallecieron en todo el continente. Las proyecciones indican que, sin una acción climática efectiva, este tipo de eventos extremos se volverán cada vez más comunes. Los sistemas de salud pública deben prepararse para enfrentar estos desafíos mediante la implementación de medidas de prevención y respuesta, tales como planes de emergencia, infraestructuras de enfriamiento y campañas de concienciación.

Inseguridad Alimentaria y Desnutrición

El cambio climático también está afectando la producción agrícola y el acceso a alimentos, lo que incrementa el riesgo de inseguridad alimentaria y desnutrición en diversas poblaciones. Las alteraciones en los patrones de temperatura y precipitación dificultan el cultivo de alimentos en muchas regiones, lo que a su vez afecta la disponibilidad, la calidad y el precio de los productos básicos. La disminución de la producción de alimentos como cereales, frutas y hortalizas en España y en otras partes de Europa debido a las sequías y olas de calor tiene un impacto directo en la dieta de la población y en la seguridad alimentaria.

La inseguridad alimentaria no solo afecta a las personas en términos de cantidad de alimentos disponibles, sino también en su calidad nutricional. La falta de acceso a alimentos variados y frescos incrementa el riesgo de desnutrición y deficiencias nutricionales, especialmente en comunidades vulnerables que ya enfrentan dificultades económicas. La *Organización de las Naciones Unidas para la Alimentación y la Agricultura* (FAO) advierte que el cambio climático podría reducir significativamente la disponibilidad de alimentos esenciales en las próximas décadas, afectando principalmente a las poblaciones de bajos ingresos y a los sectores rurales.

La inseguridad alimentaria también conlleva un impacto en la salud a largo plazo, ya que una dieta insuficiente en nutrientes esenciales puede provocar problemas de crecimiento en los niños, debilitar el sistema inmunológico y aumentar la susceptibilidad a enfermedades crónicas. Para enfrentar estos desafíos, es fundamental que los gobiernos y las organizaciones internacionales trabajen en medidas de adaptación y resiliencia, como el desarrollo de cultivos resistentes al clima y la implementación de políticas de apoyo a los agricultores.

Los efectos del cambio climático en la salud pública son profundos y variados, afectando desde la calidad del aire hasta la seguridad alimentaria. Estos impactos no solo representan una carga para los sistemas de salud, sino que también afectan la calidad de vida y el bienestar de millones de personas. La adaptación y preparación son esenciales para proteger la salud de la población frente a estos riesgos, y deben ser una prioridad en las políticas de salud pública. El cambio climático es una crisis de salud global que exige respuestas inmediatas y sostenibles para mitigar sus efectos y proteger a las generaciones presentes y futuras.

Coste Emocional y Psicológico

El cambio climático no solo está transformando el entorno físico y la economía, sino también la vida emocional de millones de personas en todo el mundo. A medida que las evidencias sobre el deterioro ambiental se acumulan y los fenómenos climáticos extremos se vuelven más frecuentes, crece un fenómeno menos visible pero igualmente real: el impacto psicológico de la crisis climática. Este coste emocional abarca desde la ansiedad por el futuro hasta el trauma en quienes han experimentado desastres naturales, y tiene efectos profundos en la salud mental colectiva. A continuación, se exploran los diferentes aspectos del coste psicológico del cambio climático y cómo afecta tanto a individuos como a comunidades enteras.

Ansiedad Climática y Miedo al Futuro

La "ansiedad climática" es una forma de angustia que surge de la preocupación profunda y persistente por el futuro del planeta y por los efectos del cambio climático. Aunque esta ansiedad puede afectar a personas de todas las edades y procedencias, es especialmente frecuente entre los jóvenes, que ven cómo su futuro se vuelve incierto en un planeta cada vez más inestable. La ansiedad climática se manifiesta como una combinación de miedo, impotencia y desesperanza, y afecta no solo a nivel emocional, sino también en la forma en que estos jóvenes planifican sus vidas, sus estudios y sus carreras.

Muchos jóvenes experimentan esta ansiedad en momentos de introspección, como cuando leen noticias sobre eventos climáticos extremos, observan las consecuencias de los desastres naturales o reflexionan sobre la falta de acción efectiva por parte de los líderes mundiales. Esta ansiedad climática puede convertirse en un sentimiento paralizante, que afecta su capacidad para disfrutar del presente y los empuja a cuestionarse decisiones importantes, como tener hijos o formar una familia. Para algunos, la idea de traer nuevas generaciones a un mundo amenazado por el cambio climático resulta angustiante, lo que evidencia el nivel de impacto psicológico que esta crisis puede tener en las decisiones personales de vida.

Estrés Postraumático en los Afectados por Desastres Naturales

Las personas que experimentan directamente los efectos de fenómenos climáticos extremos, como inundaciones, incendios forestales, huracanes o tormentas, pueden desarrollar trastornos de estrés postraumático (TEPT) debido a la intensidad y al impacto de estos eventos. Este tipo de trauma no solo se produce por la experiencia del desastre en sí, sino también por la pérdida de hogares, pertenencias y medios de vida, así como por el desplazamiento forzado y el esfuerzo necesario para reconstruir sus vidas.

El TEPT puede manifestarse a través de pesadillas, recuerdos intrusivos, ansiedad extrema y la incapacidad de enfrentar situaciones que recuerden el evento traumático. Por ejemplo, quienes han vivido una inundación devastadora pueden sentir ansiedad o miedo cada vez que llueve, temiendo una nueva catástrofe. Las secuelas psicológicas de estos eventos pueden ser duraderas, y muchas personas afectadas encuentran difícil reanudar sus vidas con normalidad incluso después de años del desastre. La experiencia traumática afecta tanto a individuos como a comunidades enteras, y aquellos que no reciben el apoyo psicológico adecuado pueden enfrentar dificultades persistentes en su proceso de recuperación.

Los sistemas de salud pública se ven desbordados ante el aumento de la demanda de apoyo psicológico en regiones afectadas por desastres naturales, lo que subraya la necesidad de integrar la atención mental como parte de la respuesta climática y de los planes de emergencia. Proveer a las personas afectadas con el apoyo emocional necesario es crucial para ayudarlas a recuperar su equilibrio y capacidad para enfrentar futuros desafíos.

Impacto en la Salud Mental Colectiva

El cambio climático genera una sensación de vulnerabilidad e impotencia que va más allá de los individuos y afecta la salud mental de la sociedad en su conjunto. La idea de vivir en un mundo incierto, donde los fenómenos extremos afectan a un número cada vez mayor de personas, ha llevado a un aumento de estados de desánimo, apatía y desesperanza en amplios sectores de la población. Este fenómeno, conocido como "ecoansiedad", afecta especialmente a quienes están altamente informados sobre la crisis climática y sienten que sus acciones individuales no son suficientes para frenar un problema de tal magnitud.

La salud mental colectiva se ve afectada por una percepción de amenaza constante que genera angustia y desmotivación. Para muchas personas, la falta de acción climática a nivel global genera un sentimiento de impotencia que se traduce en inacción y en una desconexión emocional. En comunidades vulnerables, donde los efectos del cambio climático ya son palpables, esta salud mental colectiva deteriorada dificulta el desarrollo social y la capacidad de las personas para movilizarse en favor de soluciones sostenibles. Si bien la preocupación climática puede impulsar a algunos a la acción, para otros genera una carga emocional que los deja sin energía para involucrarse, creando un ciclo de frustración y resignación.

Adaptación Psicológica y Resiliencia

A pesar de estos efectos negativos, algunos individuos y comunidades desarrollan resiliencia y una notable capacidad de adaptación frente a la crisis climática. La resiliencia, entendida como la capacidad de afrontar y superar adversidades, es una respuesta clave que permite a las personas gestionar mejor la ansiedad y encontrar un sentido de propósito en la lucha contra el cambio climático. En muchas comunidades afectadas por desastres naturales, el apoyo mutuo y la solidaridad se convierten en motores de resiliencia que permiten a los individuos y grupos reconstruir sus vidas y adaptarse a las nuevas condiciones.

Fomentar una mentalidad de acción y adaptación puede ayudar a las personas a canalizar la ansiedad climática hacia esfuerzos productivos. La participación en movimientos sociales, organizaciones de defensa del medio ambiente y proyectos de sostenibilidad puede proporcionar a los individuos un sentido de propósito y empoderamiento. Estudios han demostrado que aquellas personas que se involucran en la acción climática tienen una mejor salud mental, ya que sienten que están contribuyendo de forma activa a una causa mayor.

La resiliencia emocional también puede fortalecerse a través de la educación y la concienciación, ya que comprender los mecanismos de adaptación y participar en iniciativas de preparación para desastres ofrece a las personas herramientas prácticas y emocionales para afrontar la incertidumbre. Este enfoque ayuda a construir una sociedad más fuerte y consciente, que sea capaz de enfrentar los desafíos climáticos de una manera proactiva y equilibrada.

El coste emocional y psicológico del cambio climático es real y cada vez más evidente. Desde la ansiedad climática hasta el estrés postraumático y el impacto en la salud mental colectiva, la crisis climática está afectando a personas de todas las edades y regiones. Reconocer y abordar estos efectos es fundamental para construir una respuesta integral frente a la crisis. Fomentar la resiliencia y la adaptación psicológica permite no solo enfrentar mejor los desafíos, sino también encontrar un sentido de propósito en la lucha contra el cambio climático, una causa que une y motiva a aquellos que desean proteger el planeta y asegurar un futuro más seguro para las generaciones venideras.

NATURALEZA Y NOSOTROS: EQUILIBRIO ROTO

Huella Ecológica y Actividades Cotidianas

La huella ecológica es un concepto fundamental para entender cómo nuestras actividades diarias impactan el planeta. Este indicador, que mide el uso de recursos naturales y la generación de desechos, es una herramienta clave para evaluar el equilibrio entre nuestras necesidades y la capacidad de regeneración del planeta. A continuación, se exploran en detalle los conceptos de huella ecológica, sus componentes y cómo se manifiestan en nuestras actividades cotidianas.

Definición y Cálculo de la Huella Ecológica

La huella ecológica es un indicador que mide el impacto ambiental de nuestras actividades en términos de los recursos que consumimos y los desechos que generamos. Básicamente, se refiere a la cantidad de tierra y agua necesaria para producir los bienes y servicios que consumimos y para absorber los desechos generados, en particular el dióxido de carbono (CO_2). Este concepto abarca varios aspectos de nuestro estilo de vida, desde el consumo de alimentos y energía hasta la generación de residuos y el uso del transporte.

Existen varios métodos para calcular la huella ecológica, que pueden adaptarse a diferentes niveles:

individual, comunitario, empresarial o incluso nacional. En general, el cálculo considera factores como:

- **Consumo de Energía**: La electricidad, el gas y otros tipos de energía que usamos en el hogar y en la industria tienen un impacto considerable en la huella ecológica. Cada fuente de energía tiene una huella diferente, siendo los combustibles fósiles los más contaminantes.

- **Uso de Transporte**: La huella de carbono varía según el medio de transporte que utilicemos. El transporte privado, especialmente los vehículos de gasolina o diésel generan más emisiones que el transporte público, la bicicleta o caminar.

- **Consumo de Alimentos**: Los alimentos que consumimos tienen diferentes huellas ecológicas según su origen y tipo de producción. Por ejemplo, los productos de origen animal, como la carne de res, tienen una huella mayor debido a la cantidad de recursos que requiere su producción.

- **Hábitos de Consumo y Residuos**: La cantidad de productos que compramos y desechamos también influye en nuestra huella ecológica. El uso de plásticos de un solo uso, la compra de ropa de moda rápida (fast fashion) y la generación de residuos no reciclables aumentan la presión sobre los recursos naturales.

El cálculo de la huella ecológica es una herramienta útil para visualizar nuestro impacto y nos ayuda a comprender qué áreas de nuestra vida cotidiana podemos mejorar para reducir nuestra carga sobre el planeta.

Cómo Contribuyen Nuestras Actividades Diarias

Las actividades diarias, aunque parezcan insignificantes, se suman y generan un impacto considerable en el medio ambiente. A continuación, se analizan algunos ejemplos comunes de cómo nuestro estilo de vida contribuye a aumentar la huella ecológica.

- **Uso de Plásticos de Un Solo Uso**: El plástico, especialmente el de un solo uso, es uno de los mayores problemas ambientales actuales. Cada vez que utilizamos una bolsa, una botella o un envoltorio de plástico que desechamos tras un solo uso, estamos contribuyendo a la acumulación de residuos que tardan cientos de años en descomponerse. Además, la producción de plástico depende de la industria petroquímica, que consume grandes cantidades de energía y genera emisiones de CO_2.

- **Consumo de Carne y Productos Animales**: La industria ganadera es una de las principales responsables de las emisiones de gases de efecto invernadero y del consumo excesivo de agua y suelo. La producción de carne de res, en particular, tiene una huella ecológica elevada debido a la deforestación para crear pastizales y al metano liberado por el ganado. Reducir el consumo de carne y optar por dietas basadas en vegetales puede ayudar a reducir significativamente la huella ecológica.

- **Uso Excesivo de Energía en el Hogar**: La electricidad y la calefacción que utilizamos en el hogar representan una parte considerable de nuestra huella ecológica. Cada vez que dejamos luces encendidas, utilizamos electrodomésticos innecesariamente o no optimizamos el uso de la calefacción, estamos incrementando nuestro consumo de energía y, por ende, nuestra huella. Optar por electrodomésticos eficientes y adoptar hábitos de ahorro energético pueden reducir este impacto.

- **Transporte Privado**: El uso del automóvil particular es una de las fuentes principales de emisiones de CO_2. Los vehículos a gasolina y diésel producen altos niveles de contaminación y contribuyen al calentamiento global. Utilizar el transporte público, la bicicleta o caminar son alternativas más sostenibles que reducen la huella ecológica y ayudan a descongestionar las ciudades.

El estilo de vida en los países desarrollados tiende a ser particularmente intensivo en recursos y produce una huella ecológica significativamente mayor que en otras regiones. La combinación de altos niveles de consumo, uso de vehículos privados y dependencia de productos de origen animal contribuye a un estilo de vida que ejerce una gran presión sobre los recursos naturales y genera grandes cantidades de residuos. A nivel global, este modelo de consumo es insostenible y requiere cambios para equilibrar el bienestar de las personas con la capacidad de regeneración del planeta.

Comparación entre Países y el Límite del Planeta

El concepto de "límite del planeta" o "capacidad de carga" se refiere a la cantidad de recursos naturales que la Tierra puede producir y regenerar de manera sostenible cada año. Cuando la huella ecológica de un país o de una población supera este límite, se crea un déficit ecológico que pone en riesgo la estabilidad de los ecosistemas. En otras palabras, estamos usando más recursos de los que el planeta puede reponer, lo cual es insostenible a largo plazo.

Al comparar la huella ecológica entre diferentes países, se observan grandes desigualdades. Por ejemplo, en países como Estados Unidos, Canadá o algunos de Europa

Occidental, la huella ecológica per cápita es mucho mayor que en países en desarrollo. Si toda la población mundial viviera al nivel de consumo de estos países, necesitaríamos varios planetas para sostener la demanda de recursos. Según el Global Footprint Network, si la humanidad en su conjunto alcanzara el estilo de vida promedio de países como Estados Unidos, se necesitarían más de cinco planetas Tierra para mantener ese nivel de consumo.

Esta comparación muestra no solo la insostenibilidad del modelo de consumo en algunos países, sino también la importancia de reducir la huella ecológica en todo el mundo. Alcanzar una huella ecológica global que se mantenga dentro de los límites del planeta requiere cambios significativos en nuestros hábitos de consumo, en las políticas ambientales y en la forma en que utilizamos los recursos naturales.

Reducir la huella ecológica es una responsabilidad compartida, pero requiere un esfuerzo tanto a nivel individual como colectivo. Adoptar hábitos de consumo más sostenibles, reducir el uso de recursos finitos y optar por alternativas menos contaminantes son pasos necesarios para restablecer el equilibrio con el planeta. La huella ecológica nos recuerda que cada una de nuestras acciones tiene un impacto, y que es posible vivir de una manera que respete los límites naturales de la Tierra.

Dependencia de los Recursos Finitos

La dependencia de los recursos finitos es uno de los mayores desafíos a los que se enfrenta la humanidad en su relación con el planeta. Muchos de los recursos que usamos diariamente no son renovables y están siendo extraídos a un ritmo insostenible, poniendo en riesgo su disponibilidad para futuras generaciones y amenazando los ecosistemas que dependen de ellos. Esta sección explora la naturaleza de estos recursos finitos, la crisis de la disponibilidad de agua y energía y los efectos de la explotación intensiva en los ecosistemas y las comunidades locales.

Recursos Finitos y el Modelo de Extracción y Consumo

Los recursos finitos son aquellos que existen en cantidades limitadas en el planeta y no pueden renovarse a corto plazo. Entre ellos se encuentran el petróleo, el carbón, el gas natural, los minerales y ciertos tipos de madera. A diferencia de los recursos renovables, como la energía solar o el viento, los recursos finitos no se regeneran de forma continua, y una vez agotados, no se pueden recuperar. El modelo económico actual, basado en la extracción y el consumo intensivo, ha creado una presión inmensa sobre estas reservas naturales.

Este modelo de extracción y consumo depende en gran medida de los combustibles fósiles, que no solo son limitados, sino que también generan grandes cantidades de emisiones de gases de efecto invernadero cuando se queman, contribuyendo al cambio climático. Además, la minería de minerales esenciales para la tecnología moderna, como el litio, el cobalto y el cobre, ha llevado a una explotación intensiva que destruye los ecosistemas y amenaza la biodiversidad. La demanda de estos recursos sigue aumentando a medida que crece la población y la economía global, lo que lleva a una situación de agotamiento progresivo.

El agotamiento de los recursos finitos no solo es un problema ambiental, sino también económico y social. A medida que los recursos se vuelven más escasos, los costos de extracción y producción aumentan, lo que encarece los productos y servicios que dependen de ellos. Esta situación también genera conflictos y tensiones entre países que compiten por el acceso a estos recursos, especialmente en áreas ricas en minerales y petróleo. Para garantizar un futuro sostenible, es fundamental que transitemos hacia un modelo económico que promueva el uso de energías renovables y que adopte prácticas de economía circular, donde los materiales se reutilicen en lugar de desecharse.

La Crisis de la Disponibilidad de Agua y Energía

Dos de los recursos más críticos que enfrentan una grave crisis de disponibilidad son el agua y la energía. La creciente demanda de agua para la agricultura, la industria y el consumo doméstico está llevando a una escasez que afecta a millones de personas en todo el mundo. El agua, esencial para la vida, se encuentra en un estado de agotamiento en muchas regiones debido al uso intensivo, la contaminación y el cambio climático. En áreas donde el agua ya es escasa, la competencia entre sectores y el acceso desigual crean problemas sociales y económicos importantes.

En la agricultura, que consume alrededor del 70% del agua dulce disponible en el planeta, la escasez de agua está reduciendo la capacidad de producción y afectando la seguridad alimentaria. La industria también depende en gran medida del agua para procesos de manufactura y enfriamiento, lo que añade presión sobre los recursos hídricos. En zonas urbanas, la falta de acceso a agua potable es un problema creciente, y en muchos países se están implementando restricciones de uso y tarifas elevadas para controlar la demanda. La crisis del agua no solo afecta la salud humana y el desarrollo económico, sino que también pone en peligro a los ecosistemas acuáticos, donde muchas especies están en riesgo debido a la sobreexplotación y la contaminación de ríos y lagos.

En cuanto a la energía, la dependencia de los combustibles fósiles como el petróleo, el gas y el carbón sigue siendo una realidad en gran parte del mundo, a pesar del crecimiento de las energías renovables. La extracción, transporte y consumo de estos combustibles no solo liberan grandes cantidades de CO_2, sino que también generan impactos sociales y económicos. La volatilidad de los precios del petróleo y el gas afecta a la economía global, mientras que la extracción intensiva en áreas remotas y vulnerables a menudo provoca daños irreparables a los ecosistemas y a las comunidades locales. La transición hacia fuentes de energía renovable y limpias, como la solar y la eólica, es fundamental para reducir la dependencia de los combustibles fósiles y asegurar una disponibilidad de energía que sea sostenible y accesible para todos.

Impacto de la Explotación en los Ecosistemas y en las Comunidades

La extracción intensiva de recursos naturales tiene consecuencias devastadoras para los ecosistemas y las comunidades locales que dependen de ellos. La deforestación en selvas tropicales, por ejemplo, es un claro ejemplo de cómo la explotación de recursos puede causar la pérdida de biodiversidad y la destrucción de hábitats. Los bosques, que son esenciales para la regulación del clima y el ciclo del agua, están siendo talados para obtener madera, crear pastizales para el ganado y expandir la agricultura, especialmente para cultivos como el aceite de palma y la soja. Esta deforestación no solo amenaza la vida silvestre, sino que también reduce la capacidad de los ecosistemas para absorber dióxido de carbono, acelerando el cambio climático.

En los mares y océanos, la sobreexplotación pesquera está llevando a un agotamiento de especies marinas y a una alteración de los ecosistemas acuáticos. Muchas especies de peces están al borde del colapso debido a la pesca intensiva y la falta de regulaciones efectivas. Además, la contaminación por plásticos y productos químicos está afectando a la vida marina y poniendo en peligro la seguridad alimentaria de millones de personas que dependen de los recursos marinos para su subsistencia.

La minería y las plataformas petrolíferas también ejercen una presión significativa en territorios vulnerables, como las selvas y los hábitats de comunidades indígenas. La minería a cielo abierto y la extracción de petróleo no solo destruyen el suelo y contaminan las fuentes de agua, sino que también generan conflictos sociales y desplazan a poblaciones que viven en armonía con el entorno. Estas actividades intensivas suelen realizarse sin el consentimiento de las comunidades locales, y el impacto a largo plazo en el medio ambiente y en el bienestar de estas poblaciones es enorme.

La explotación de los recursos naturales no solo agota los ecosistemas, sino que también crea desigualdades y conflictos que afectan a las personas más vulnerables. Las comunidades indígenas y rurales, que dependen de los recursos naturales para su vida diaria, son las más afectadas por las actividades extractivas. Proteger estos territorios y sus recursos es esencial para garantizar la justicia ambiental y la sostenibilidad a largo plazo.

La dependencia de los recursos finitos y la explotación intensiva de los mismos están llevando al planeta hacia un punto de agotamiento que amenaza tanto a la biodiversidad como a la estabilidad social y económica. El cambio hacia un modelo de consumo más sostenible, que promueva la reutilización y la eficiencia de los recursos, es esencial para reducir nuestra dependencia de los recursos finitos y preservar los ecosistemas y las comunidades que dependen de ellos.

Los Ecosistemas en la Estabilidad del Clima

Los ecosistemas desempeñan un papel esencial en la regulación del clima y en la absorción de gases de efecto invernadero. Desde los vastos bosques hasta los océanos profundos y las zonas húmedas, estos sistemas naturales actúan como defensas naturales contra el cambio climático. Sin embargo, las actividades humanas han degradado y destruido muchos de estos ecosistemas, reduciendo su capacidad de absorber carbono y acelerar el calentamiento global. Esta sección explora el papel de los ecosistemas en la regulación climática, los efectos de su degradación y las soluciones para restaurar su equilibrio.

Ecosistemas como Reguladores del Clima

Los ecosistemas naturales, como los bosques, los océanos y las zonas húmedas, actúan como reguladores fundamentales del clima. Estos entornos tienen la capacidad de absorber grandes cantidades de dióxido de carbono (CO_2), principal gas de efecto invernadero responsable del calentamiento global, y estabilizar las temperaturas globales. A continuación, se describe el rol específico de algunos de estos ecosistemas clave:

- **Bosques**: Los bosques, en particular las selvas tropicales, son conocidos como "los pulmones del planeta" porque absorben grandes cantidades de CO_2 a través de la fotosíntesis. Los árboles y las plantas convierten el CO_2 en oxígeno y almacenan el carbono en su biomasa, como troncos, ramas y raíces. Se estima que los bosques del mundo almacenan aproximadamente 861 gigatoneladas de carbono, actuando como sumideros que ayudan a contrarrestar las emisiones de gases de efecto invernadero. Además de absorber CO_2, los bosques también juegan un papel crucial en la regulación de los patrones de precipitación y en la protección del suelo contra la erosión.

- **Océanos**: Los océanos absorben aproximadamente el 25% de las emisiones de CO_2 generadas por actividades humanas cada año, lo que los convierte en uno de los sumideros de carbono más importantes del planeta. El CO_2 se disuelve en el agua de mar, donde es utilizado por organismos como el fitoplancton para realizar la fotosíntesis. Además, los océanos ayudan a distribuir el calor a nivel global a través de las corrientes oceánicas, regulando el clima y manteniendo temperaturas estables. Sin embargo, este proceso también genera un problema conocido como acidificación oceánica, ya que el CO_2 disuelto cambia el pH del agua, afectando la salud de los ecosistemas marinos.

- **Zonas Húmedas**: Las zonas húmedas, como los pantanos y las marismas, son ecosistemas altamente eficaces en la captura y almacenamiento de carbono. Los suelos húmedos contienen grandes cantidades de materia orgánica en descomposición que, al estar cubiertos de agua, se descompone lentamente y retiene carbono durante largos periodos de tiempo. Las turberas, por ejemplo, almacenan el doble de carbono que todos los bosques del mundo juntos, a pesar de que cubren una superficie mucho menor. Además, las zonas húmedas contribuyen a la regulación del ciclo del agua y a la reducción de inundaciones, proporcionando beneficios adicionales para la estabilidad climática y la biodiversidad.

La Degradación y Destrucción de los Ecosistemas

La deforestación, la contaminación de los océanos, la expansión de la urbanización y la agricultura intensiva están degradando rápidamente estos ecosistemas naturales, disminuyendo su capacidad para absorber CO_2 y afectando la estabilidad climática. A continuación, se analizan algunos de estos problemas en detalle:

- **Deforestación**: La tala indiscriminada de bosques para la expansión agrícola, la producción de madera y el desarrollo urbano está reduciendo la capacidad de los bosques para actuar como sumideros de carbono. Cada año, se destruyen millones de hectáreas de bosques, especialmente en regiones tropicales como la Amazonía, que almacenan enormes cantidades de carbono. Cuando los árboles se talan o se queman, el carbono almacenado en su biomasa se libera a la atmósfera, contribuyendo a las emisiones de gases de efecto invernadero y acelerando el cambio climático.

- **Contaminación de los Océanos**: Los océanos enfrentan múltiples amenazas debido a la contaminación, como los derrames de petróleo, los residuos plásticos y el exceso de nutrientes provenientes de fertilizantes agrícolas. Estos contaminantes afectan la salud de los organismos marinos, incluido el fitoplancton, que juega un papel clave en la absorción de CO_2. La degradación de los arrecifes de coral, que albergan una biodiversidad extraordinaria, también reduce la capacidad de los océanos para mantener ecosistemas saludables que contribuyan a la regulación climática.

- **Urbanización y Agricultura Intensiva**: La expansión de las áreas urbanas y la agricultura intensiva están alterando el suelo y eliminando hábitats naturales. Las prácticas agrícolas intensivas, que incluyen el uso excesivo de fertilizantes y pesticidas, degradan el suelo y liberan óxidos de nitrógeno, otro gas de efecto invernadero. La pérdida de zonas naturales, como praderas y humedales, reduce la capacidad del suelo para almacenar carbono y afecta los ciclos naturales, como el ciclo del agua, lo que agrava los efectos del cambio climático.

Conservación y Restauración como Soluciones

Para mitigar el cambio climático y restaurar el equilibrio ambiental, es esencial conservar y restaurar los ecosistemas que actúan como sumideros de carbono y como reguladores naturales del clima. Las iniciativas de conservación y restauración no solo ayudan a reducir las emisiones de gases de efecto invernadero, sino que también protegen la biodiversidad y fortalecen la resiliencia de los ecosistemas ante los impactos del cambio climático. A continuación, se destacan algunas estrategias clave y ejemplos exitosos:

- **Reforestación y Restauración de Bosques**: La reforestación y la restauración de áreas boscosas degradadas son soluciones efectivas para aumentar la captura de carbono. Plantar árboles en áreas donde han sido talados o destruidos no solo ayuda a absorber CO_2, sino que también recupera la biodiversidad y protege el suelo de la erosión. Iniciativas como el "Gran Muro Verde" en África buscan crear una franja de vegetación en el Sahel para frenar la desertificación y restaurar tierras degradadas, proporcionando beneficios ambientales y económicos para las comunidades locales.

- **Conservación Marina y Restauración de Arrecifes de Coral**: La protección de las áreas marinas y la restauración de los arrecifes de coral son fundamentales para la salud de los océanos y su capacidad de capturar carbono. Proyectos de conservación marina, como las áreas marinas protegidas (AMP), limitan la actividad humana en ciertas zonas, permitiendo que los ecosistemas se recuperen y preservando las especies marinas. La restauración de arrecifes de coral mediante trasplantes de corales resistentes también contribuye a mantener la biodiversidad marina y a proteger las costas de la erosión.

- **Protección y Restauración de Zonas Húmedas**: Las zonas húmedas son algunos de los ecosistemas más efectivos en la captura de carbono y en la protección de la biodiversidad. La restauración de humedales degradados y la protección de las turberas son estrategias clave para mitigar el cambio climático. En Canadá, por ejemplo, se han implementado programas de conservación de turberas en el norte del país, que contribuyen significativamente a la captura de carbono y ayudan a reducir el riesgo de incendios forestales.

La conservación y restauración de los ecosistemas son herramientas poderosas en la lucha contra el cambio climático. Estas acciones no solo ayudan a reducir las emisiones de gases de efecto invernadero, sino que también brindan beneficios adicionales, como la protección de la biodiversidad, la mejora de la calidad del agua y la reducción de los desastres naturales. La implementación de políticas y prácticas que promuevan la sostenibilidad y la resiliencia de los ecosistemas es esencial para asegurar un futuro en el que la naturaleza y la humanidad puedan coexistir en equilibrio.

El Papel de la Sociedad y los Individuos

La crisis climática y ambiental requiere acciones coordinadas a todos los niveles, desde el ámbito individual hasta el gubernamental y empresarial. Para restaurar el equilibrio natural del planeta, todos tenemos un papel que desempeñar. Desde cambiar hábitos personales hasta exigir políticas de sostenibilidad, la reconstrucción del balance natural es un esfuerzo colectivo. Esta sección explora cómo los individuos, las empresas y los gobiernos pueden contribuir a una transición hacia la sostenibilidad, y resalta la importancia de la educación y la conciencia ambiental.

Acciones Individuales para Reducir la Huella Ecológica

Las decisiones y los hábitos personales tienen un impacto significativo en el medio ambiente. Aunque el cambio individual no puede resolver el problema por sí solo, las acciones individuales pueden contribuir a un cambio colectivo, influenciando a otros a seguir el ejemplo y generando demanda por productos y prácticas más sostenibles. A continuación, se presentan algunos pasos prácticos que cada persona puede tomar para reducir su huella ecológica:

- **Reducción del Consumo de Carne y Productos de Origen Animal**: La producción de carne, especialmente de vacuno, genera grandes cantidades de gases de efecto invernadero y consume una gran cantidad de agua y tierra. Optar por una dieta con menos carne o adoptar una dieta basada en plantas puede reducir significativamente la huella ecológica. Además, elegir productos locales y de temporada contribuye a disminuir las emisiones de CO_2 asociadas con el transporte de alimentos.

- **Minimizar el Uso de Plásticos y Productos de Un Solo Uso**: Los plásticos de un solo uso, como bolsas, botellas y envoltorios, tardan cientos de años en descomponerse y son responsables de la contaminación de mares y suelos. Adoptar alternativas reutilizables, como botellas de agua y bolsas de tela, y evitar el uso de productos de un solo uso son acciones que cada persona puede realizar para reducir su impacto en el planeta.

- **Uso de Energía de Fuentes Renovables y Ahorro Energético**: Si es posible, optar por fuentes de energía renovable en el hogar, como la solar o la eólica, ayuda a reducir la dependencia de los combustibles fósiles. Además, adoptar hábitos de ahorro energético, como apagar luces y electrodomésticos cuando no se usen, instalar bombillas de bajo consumo y optimizar el uso de la calefacción y el aire acondicionado, son medidas que reducen el consumo de energía y las emisiones de CO_2.

- **Transporte Sostenible**: El transporte es una de las principales fuentes de emisiones de gases de efecto invernadero. Optar por caminar, andar en bicicleta, utilizar el transporte público o compartir el automóvil con otras personas reduce las emisiones y contribuye a un entorno urbano más limpio. En caso de usar vehículos personales, considerar opciones eléctricas o híbridas también disminuye el impacto ambiental.

Cada pequeña acción cuenta. Adoptar prácticas sostenibles en el día a día es una forma de asumir responsabilidad individual, demostrando que cada persona puede contribuir a la solución y alentando a los demás a hacer lo mismo.

El Rol de las Empresas y Gobiernos en la Sostenibilidad

Para lograr un cambio significativo hacia la sostenibilidad, es esencial que las empresas y los gobiernos adopten políticas y prácticas que respalden el cuidado del medio ambiente. Los sectores privado y público tienen el poder de implementar cambios estructurales y a gran escala que faciliten la transición hacia una economía y una sociedad más sostenibles.

- **Políticas Públicas y Legislación Ambiental**: Los gobiernos desempeñan un papel fundamental mediante la creación de políticas y regulaciones que incentiven prácticas sostenibles. Leyes como la prohibición de plásticos de un solo uso, la regulación de emisiones industriales y la implementación de impuestos al carbono son algunas de las medidas que pueden reducir el impacto ambiental. Los compromisos internacionales, como el Acuerdo de París, también establecen objetivos globales para reducir las emisiones y limitar el aumento de la temperatura global.

- **Economía Circular y Reducción de Residuos**: La economía circular es un modelo que busca reducir el desperdicio y maximizar la reutilización de los materiales. Las empresas pueden adoptar prácticas de economía circular al diseñar productos duraderos y reciclables, reducir el uso de materiales y minimizar los desechos a lo largo de su cadena de suministro. Además, los gobiernos pueden fomentar este modelo mediante incentivos fiscales y apoyos para la innovación en tecnología y producción sostenible.

- **Inversión en Energía Renovable y Sostenibilidad Corporativa**: Las empresas tienen una responsabilidad importante en la transición hacia fuentes de energía limpia y en la adopción de prácticas sostenibles. Cada vez más corporaciones están comprometiéndose a reducir su huella de carbono y a utilizar energías renovables en sus operaciones. Empresas líderes en diversos sectores han establecido metas de neutralidad de carbono, invirtiendo en tecnologías verdes y apoyando proyectos de compensación de carbono. Estas iniciativas no solo benefician al medio ambiente, sino que también contribuyen a una imagen corporativa positiva y responden a la creciente demanda de sostenibilidad por parte de los consumidores.

Las empresas y los gobiernos tienen el poder de influir en el cambio estructural necesario para abordar la crisis ambiental. Al implementar políticas sostenibles y adoptar modelos empresariales más responsables, pueden sentar las bases para un futuro más equilibrado y resiliente.

Educar y Crear Conciencia Ambiental

La educación ambiental es una herramienta esencial para construir una sociedad que valore y proteja el equilibrio natural del planeta. La conciencia ambiental fomenta la comprensión de los problemas ecológicos y el compromiso de las personas para adoptar prácticas sostenibles y participar en soluciones colectivas.

- **Incorporación de la Educación Ambiental en las Escuelas**: Incluir la educación ambiental en los programas escolares es fundamental para formar a las futuras generaciones en los desafíos y soluciones ambientales. Las escuelas pueden enseñar a los estudiantes sobre el cambio climático, la biodiversidad, los ecosistemas y la sostenibilidad, y fomentar una mentalidad crítica y respetuosa con el entorno. Esto puede incluir actividades prácticas como proyectos de reciclaje, huertos escolares y el uso de energías renovables en los centros educativos.

- **Campañas de Concienciación en Comunidades y Medios**: Las campañas de concienciación en medios de comunicación y en comunidades locales son herramientas efectivas para informar a la población sobre la importancia de la sostenibilidad. Iniciativas como el Día de la Tierra, la Hora del Planeta y las ferias de sostenibilidad crean espacios para que las personas aprendan, compartan experiencias y se inspiren a participar en actividades que promuevan la conservación del planeta.

- **Programas de Formación para Líderes y Empresas**: Además de la educación general, es importante que los líderes empresariales y gubernamentales reciban formación en sostenibilidad y responsabilidad ambiental.

Programas de capacitación en prácticas sostenibles, economía circular y responsabilidad social corporativa ayudan a que los tomadores de decisiones comprendan la importancia de proteger el medio ambiente y adopten estrategias empresariales y políticas públicas que favorezcan el desarrollo sostenible.

La educación y la concienciación ambiental son esenciales para construir una cultura de respeto hacia el planeta. Al empoderar a las personas con conocimientos y herramientas, se fomenta una sociedad más comprometida y proactiva en la lucha contra el cambio climático y la protección de los ecosistemas.

Reconstruir el balance natural requiere el esfuerzo combinado de individuos, empresas y gobiernos, junto con una educación ambiental sólida que impulse la conciencia y la responsabilidad colectiva. Desde cambios en los hábitos diarios hasta políticas de sostenibilidad a gran escala, cada acción cuenta en la creación de un futuro sostenible y en la restauración de la relación armoniosa entre la humanidad y la naturaleza.

SECTORES CLAVE PARA EL CAMBIO

Energía Renovable y Transición Energética

La transición hacia las energías renovables es uno de los pilares fundamentales en la lucha contra el cambio climático. Las energías limpias no solo son alternativas sostenibles frente a los combustibles fósiles, sino que también representan una oportunidad para crear un sistema energético más seguro, económico y eficiente. A continuación, se analizan en profundidad los tipos de energías renovables, sus ventajas, los desafíos de su adopción y las políticas que están acelerando esta transición.

Introducción a las Energías Limpias y su Importancia

Las energías renovables son fuentes de energía que se regeneran de manera natural y que tienen un impacto ambiental significativamente menor en comparación con los combustibles fósiles. A continuación, se destacan las principales fuentes de energía renovable y su rol en la generación de electricidad sin emisiones de gases de efecto invernadero:

- **Energía Solar**: La energía solar convierte la luz del sol en electricidad mediante paneles fotovoltaicos o en calor mediante sistemas solares térmicos. Esta fuente es abundante y disponible en casi todo el mundo, aunque depende de la exposición solar directa. La energía solar no produce emisiones durante su uso y tiene un impacto ambiental muy bajo.

- **Energía Eólica**: Utiliza la fuerza del viento para generar electricidad a través de aerogeneradores. La energía eólica es una de las fuentes renovables con mayor crecimiento en las últimas décadas. Como fuente de energía limpia, reduce significativamente las emisiones de CO_2 y puede instalarse tanto en tierra como en el mar (offshore).

- **Energía Hidroeléctrica**: Aprovecha la energía del agua en movimiento, generalmente de ríos o embalses, para producir electricidad. Aunque es una fuente de energía limpia, la construcción de represas puede tener impactos ambientales, como la alteración de ecosistemas acuáticos y el desplazamiento de comunidades. Sin embargo, es una fuente de energía estable y confiable en regiones con recursos hídricos.

- **Energía Geotérmica**: Utiliza el calor de la Tierra para generar electricidad o calentar edificios. La energía geotérmica es particularmente efectiva en áreas con actividad geotérmica elevada, como Islandia y Nueva

Zelanda. Es una fuente continua y estable de energía, aunque su disponibilidad está limitada geográficamente.

- **Biomasa**: Consiste en la quema de residuos orgánicos, como madera, residuos agrícolas o desechos de plantas, para producir energía. La biomasa es considerada renovable siempre que los recursos utilizados se gestionen de manera sostenible, ya que libera CO_2 al quemarse. Sin embargo, a diferencia de los combustibles fósiles, el CO_2 liberado puede ser reabsorbido por el crecimiento de nuevas plantas.

Las energías renovables son cruciales para reducir la huella de carbono global y para mitigar el cambio climático. Al no depender de la quema de combustibles fósiles, estas fuentes de energía minimizan las emisiones de gases de efecto invernadero y ayudan a reducir la contaminación del aire, beneficiando tanto al medio ambiente como a la salud pública.

Ventajas de las Energías Renovables sobre los Combustibles Fósiles

Las energías renovables presentan una serie de ventajas en comparación con los combustibles fósiles, tanto en términos ambientales como económicos y sociales:

- **Carácter Inagotable**: A diferencia del petróleo, el gas y el carbón, las energías renovables son inagotables y se regeneran continuamente. Esto hace que las fuentes renovables sean sostenibles a largo plazo y aseguren el suministro de energía sin agotar los recursos naturales.

- **Impacto Ambiental Reducido**: Las energías renovables producen emisiones de carbono mucho menores que los combustibles fósiles, lo que las convierte en opciones fundamentales para combatir el cambio climático. Además, las renovables generan menos contaminación del aire y del agua, reduciendo los efectos negativos sobre la biodiversidad y los ecosistemas.

- **Independencia Energética**: La generación de energía a partir de fuentes renovables permite a los países reducir su dependencia de los combustibles fósiles importados, como el petróleo y el gas. Esto aumenta la seguridad energética y protege las economías de las fluctuaciones en los precios de los combustibles fósiles en los mercados internacionales.

- **Creación de Empleo**: La transición hacia las energías renovables está generando oportunidades de empleo en sectores como la manufactura, la instalación y el mantenimiento de infraestructuras de energías limpias. Según la Agencia Internacional de Energías Renovables (IRENA), el sector de las energías renovables emplea a millones de personas a nivel mundial y se espera que esta cifra continúe en aumento.

- **Desarrollo Económico y Accesibilidad**: Las energías renovables pueden ser especialmente beneficiosas en regiones aisladas o en desarrollo, donde el acceso a la electricidad es limitado. Los sistemas solares y eólicos, por ejemplo, pueden proporcionar energía descentralizada y asequible a comunidades rurales, impulsando el desarrollo económico y mejorando la calidad de vida.

Estas ventajas posicionan a las energías renovables como una opción viable y necesaria para asegurar un futuro energético sostenible y accesible para todos.

Retos de la Transición Energética

A pesar de sus beneficios, la transición hacia un sistema energético basado en renovables enfrenta una serie de desafíos técnicos, económicos y logísticos:

- **Intermitencia de algunas Fuentes Renovables**: Fuentes como la solar y la eólica dependen de condiciones climáticas y no siempre producen energía de manera continua. Esta intermitencia plantea el reto de garantizar un suministro estable, especialmente en períodos de baja generación o de alta demanda.

- **Necesidad de Infraestructuras de Almacenamiento de Energía**: Para solucionar el problema de la intermitencia, es esencial desarrollar y mejorar las tecnologías de almacenamiento de energía, como las baterías de gran capacidad. Las baterías de litio, por ejemplo, son una solución prometedora, pero su producción depende de materiales como el litio y el cobalto, cuya extracción puede tener efectos ambientales y sociales.

- **Dependencia de Materiales Escasos y Críticos**: La producción de tecnologías de energía renovable, como paneles solares y turbinas eólicas, requiere materiales específicos que no están disponibles en todas las regiones. Esto puede generar dependencia de determinados países productores y afectar la disponibilidad de estos materiales a medida que aumenta la demanda.

- **Costos Iniciales y Financiación**: Aunque el coste de la energía renovable ha disminuido en los últimos años, la inversión inicial en infraestructuras y tecnologías sigue siendo alta. Esto es un desafío para muchos países y comunidades que no disponen de recursos financieros suficientes para llevar a cabo esta transición.

- **Transición Justa y Resiliencia de las Comunidades**: La transición hacia las energías renovables puede afectar a las personas que trabajan en industrias de combustibles fósiles. Es necesario implementar políticas de transición justa para ayudar a estos trabajadores a adaptarse y garantizar que la transición energética sea inclusiva y beneficie a todas las comunidades.

La inversión en tecnología y la innovación en almacenamiento de energía son esenciales para superar estos desafíos y permitir que las energías renovables se integren de manera efectiva en el sistema energético global.

Políticas y Estrategias para Acelerar la Transición

Para impulsar la transición hacia las energías renovables, es necesario implementar políticas públicas y estrategias que promuevan su adopción y reduzcan la dependencia de los combustibles fósiles. A continuación, se describen algunas de las políticas y estrategias clave en este proceso:

- **Subsidios e Incentivos a las Energías Renovables**: Muchos gobiernos están implementando subsidios para las energías renovables, como deducciones fiscales, subsidios a la inversión y tarifas de alimentación (feed-in tariffs) que garantizan precios favorables para la energía renovable. Estos incentivos ayudan a reducir los costos de inversión y fomentan el desarrollo de proyectos de energías limpias.

- **Regulación de Emisiones y Establecimiento de Normas**: La regulación de las emisiones de gases de efecto invernadero en sectores como el transporte, la industria y la generación de electricidad es crucial para reducir la huella de carbono. Algunas naciones están implementando sistemas de comercio de emisiones, impuestos al carbono y límites a las emisiones de CO_2, que incentivan a las empresas a reducir sus emisiones y a adoptar fuentes de energía más limpias.

- **Compromisos Internacionales y el Acuerdo de París**: El Acuerdo de París es un pacto global en el que los países se comprometen a limitar el aumento de la temperatura global a menos de 2°C, y, si es posible, a 1,5°C. Este acuerdo impulsa a las naciones a establecer objetivos ambiciosos de reducción de emisiones y a desarrollar planes de acción para la transición energética, incluyendo el desarrollo de energías renovables.

- **Desarrollo de Infraestructura e Innovación en Redes Inteligentes**: Las redes inteligentes son redes de electricidad que optimizan el uso de la energía mediante el control y la comunicación en tiempo real. Estas redes permiten una integración más eficiente de fuentes de energía renovable y mejoran la estabilidad del sistema eléctrico. El desarrollo de redes inteligentes es fundamental para gestionar la intermitencia de las renovables y para asegurar un suministro de energía confiable y eficiente.

- **Programas de Investigación y Desarrollo en Tecnologías Limpias**: Invertir en investigación y desarrollo es crucial para mejorar la eficiencia y reducir los costos de las tecnologías renovables. Los programas de investigación en almacenamiento de energía, energías marinas, biocombustibles y redes inteligentes están contribuyendo al avance tecnológico y a la creación de soluciones más sostenibles para el sistema energético.

Estas políticas y estrategias están facilitando la transición hacia un sistema energético basado en fuentes renovables y promoviendo un futuro energético más sostenible, limpio y seguro. La cooperación global y el compromiso de los gobiernos, empresas y ciudadanos son esenciales para acelerar esta transición y alcanzar los objetivos climáticos necesarios para proteger el planeta.

Industria y Descarbonización

La industria es uno de los sectores con mayor responsabilidad en la generación de emisiones de gases de efecto invernadero debido a su consumo energético, procesos productivos y generación de residuos. Sin embargo, también tiene un enorme potencial para reducir su impacto ambiental mediante la adopción de prácticas de descarbonización, eficiencia energética y modelos de economía circular. Esta sección explora en profundidad el rol de la industria en las emisiones globales, las estrategias de descarbonización y las políticas y compromisos que impulsan a las empresas hacia un futuro más sostenible.

El Rol de la Industria en las Emisiones Globales

Las industrias de manufactura, transporte y construcción contribuyen a una gran parte de las emisiones de gases de efecto invernadero a nivel global. A continuación, se analizan los factores que explican esta contribución:

- **Consumo de Energía y Uso de Combustibles Fósiles**: La industria depende en gran medida de los combustibles fósiles, como el carbón, el petróleo y el gas natural, para sus procesos de producción y transporte. Este consumo energético es uno de los principales generadores de CO_2, un gas de efecto invernadero que contribuye al cambio climático. La quema de combustibles fósiles para generar calor en sectores como la producción de acero, cemento y vidrio representa un alto porcentaje de las emisiones industriales.

- **Procesos Químicos que Liberan Gases Contaminantes**: Además de la combustión de combustibles, muchos procesos industriales generan gases contaminantes como subproductos. Por ejemplo, la producción de cemento libera CO_2 durante la calcinación de la piedra caliza, y la fabricación de productos químicos genera emisiones de óxido nitroso y otros gases de efecto invernadero.

- **Impacto del Transporte Industrial**: El transporte de mercancías y materiales es otra fuente significativa de emisiones, especialmente en el comercio global. El transporte de bienes a través de camiones, barcos y aviones, que también dependen de combustibles fósiles, contribuye a la huella de carbono del sector industrial.

- **Responsabilidad y Potencial de Cambio**: A pesar de su impacto, la industria tiene un gran potencial para reducir sus emisiones mediante la adopción de prácticas de descarbonización y la innovación tecnológica. Las empresas de diversos sectores están comenzando a tomar medidas para mitigar su impacto ambiental, lo que resulta esencial para alcanzar los objetivos de reducción de emisiones a nivel global.

Descarbonización de los Procesos Industriales

La descarbonización industrial implica la reducción o eliminación de emisiones de carbono en los procesos productivos, mediante el uso de fuentes de energía limpias, la optimización de procesos y la minimización de residuos. A continuación, se presentan algunos ejemplos de cómo las empresas están adoptando prácticas de descarbonización:

- **Cambio de Fuentes de Energía**: Una de las formas más efectivas de reducir las emisiones industriales es reemplazar los combustibles fósiles por fuentes de energía renovable. Muchas empresas están instalando paneles solares y turbinas eólicas para abastecer de electricidad a sus fábricas, lo que reduce su dependencia de la red eléctrica y disminuye sus emisiones de carbono.

- **Electrificación de Procesos**: En industrias como la siderurgia, que tradicionalmente han dependido de combustibles fósiles para calentar hornos, la electrificación de los procesos es una solución emergente. Por ejemplo, el uso de hornos eléctricos en lugar de hornos de gas para la producción de acero reduce considerablemente las emisiones de CO_2.

- **Captura y Almacenamiento de Carbono (CCS)**: La tecnología de captura y almacenamiento de carbono permite capturar el CO_2 emitido durante los procesos industriales antes de que llegue a la atmósfera, para posteriormente almacenarlo en formaciones geológicas subterráneas. Esta tecnología es particularmente útil en sectores difíciles de descarbonizar, como la producción de cemento y acero.

- **Optimización de Procesos y Reducción de Residuos**: La optimización de los procesos productivos, mediante el uso de tecnologías avanzadas y mejores prácticas, permite a las empresas reducir el uso de energía y disminuir los residuos. Adoptar prácticas de producción más eficientes es fundamental para reducir la huella de carbono y mejorar la sostenibilidad de la industria.

Eficiencia Energética y Tecnología en la Industria

La eficiencia energética es una estrategia clave para reducir el consumo de energía en el sector industrial, y la tecnología desempeña un rol esencial en su implementación. La adopción de tecnologías avanzadas, como la inteligencia artificial (IA) y el Internet de las cosas

(IoT), está transformando la manera en que las empresas gestionan sus operaciones:

- **Optimización de Procesos con IA y Big Data**: La inteligencia artificial y el análisis de datos permiten a las empresas optimizar sus procesos al monitorear en tiempo real el uso de energía, el consumo de materiales y el desempeño de los equipos. Por ejemplo, los sistemas de IA pueden identificar patrones de consumo de energía y recomendar ajustes para mejorar la eficiencia.

- **Internet de las Cosas (IoT) para una Gestión Inteligente**: Los dispositivos de IoT permiten a las empresas recopilar y analizar datos sobre el uso de energía y recursos en tiempo real. Estos datos ayudan a identificar áreas de mejora y a implementar ajustes para reducir el consumo y mejorar la sostenibilidad.

- **Automatización y Robótica en la Producción**: La automatización de procesos mediante el uso de robots y maquinaria controlada por IA permite mejorar la precisión y reducir el desperdicio de materiales. Esto no solo reduce el impacto ambiental, sino que también aumenta la productividad y disminuye los costes operativos.

- **Sistemas de Monitoreo de Energía y Gestión de Residuos**: Las empresas pueden implementar sistemas de monitoreo para medir el consumo de energía y el volumen de residuos generados. Estos sistemas permiten establecer metas de reducción de consumo y de reciclaje, promoviendo una gestión más eficiente de los recursos y una disminución de la huella de carbono.

Economía Circular y Reducción de Residuos

La economía circular es un modelo que busca reducir el uso de materiales y minimizar la generación de residuos mediante la reutilización y el reciclaje. A diferencia del modelo tradicional de economía lineal, que se basa en "producir, consumir y desechar", la economía circular promueve un enfoque de "reducir, reutilizar y reciclar":

- **Reutilización y Reciclaje de Materiales**: Las empresas pueden implementar programas de reciclaje de residuos y reutilización de materiales en sus procesos productivos. Por ejemplo, en la industria textil, algunas compañías están reutilizando fibras de desechos para fabricar nuevas prendas, reduciendo así la demanda de materias primas y la generación de residuos.

- **Diseño para la Durabilidad y Reparabilidad**: Adoptar diseños que permitan la durabilidad y la fácil reparación de los productos es esencial para reducir la generación de residuos. En sectores como la electrónica, las empresas están comenzando a diseñar productos modulares y reparables, que alargan su vida útil y minimizan el impacto ambiental.

- **Uso de Subproductos como Insumos**: La economía circular también implica utilizar subproductos de un proceso como insumos en otro. En la industria alimentaria, por ejemplo, los residuos orgánicos pueden transformarse en biogás para la generación de energía o en compost para mejorar los suelos agrícolas.

- **Reducción de Embalajes y Uso de Materiales Sostenibles**: El diseño de embalajes sostenibles, que minimicen el uso de plásticos de un solo uso y favorezcan materiales biodegradables, es una práctica común en las empresas que buscan reducir su impacto ambiental y cumplir con los estándares de sostenibilidad.

Compromisos Corporativos y Regulación Ambiental

Cada vez más empresas están asumiendo compromisos de sostenibilidad y neutralidad de carbono, impulsadas tanto por regulaciones ambientales como por la demanda de los consumidores por prácticas responsables. Estos compromisos y regulaciones juegan un papel importante en la transición hacia una industria más sostenible:

- **Neutralidad de Carbono y Objetivos de Reducción de Emisiones**: Muchas empresas han adoptado compromisos de neutralidad de carbono, estableciendo metas para reducir sus emisiones y compensar las que no pueden evitar. Algunas están invirtiendo en proyectos de reforestación y energías renovables para compensar sus emisiones y alcanzar la neutralidad.

- **Regulación de Emisiones y Normativas Ambientales**: Los gobiernos están implementando normativas que regulan las emisiones industriales y establecen límites a la contaminación. Los impuestos al carbono, que gravan a las empresas según sus emisiones de CO_2, son una herramienta eficaz para incentivar la reducción de emisiones y promover la adopción de energías limpias.

- **Certificaciones de Sostenibilidad y Responsabilidad Social Corporativa**: Las certificaciones ambientales, como ISO 14001 y las etiquetas de productos ecológicos, permiten a las empresas demostrar su compromiso con la sostenibilidad. Estas certificaciones, junto con las iniciativas de responsabilidad social corporativa, ayudan a las empresas a construir una imagen positiva y a atraer consumidores conscientes de la sostenibilidad.

- **Incentivos Públicos y Fondos para la Sostenibilidad**: Muchos gobiernos ofrecen incentivos, como subvenciones y deducciones fiscales, para apoyar a las empresas en su transición hacia la sostenibilidad. Estos incentivos facilitan la inversión en tecnologías limpias y prácticas sostenibles, acelerando la descarbonización de la industria.

La combinación de compromisos corporativos, regulaciones gubernamentales y políticas de incentivos está impulsando a las empresas a adoptar prácticas más sostenibles. Este cambio hacia una industria descarbonizada y responsable es esencial para alcanzar los objetivos climáticos y proteger el equilibrio del planeta.

Agricultura Sostenible

La agricultura es una actividad esencial para la supervivencia humana, pero la intensificación de prácticas no sostenibles ha generado impactos negativos significativos en el medio ambiente y el clima. Sin embargo, existen alternativas en la agricultura sostenible que pueden mitigar estos efectos, preservar los recursos y promover una producción alimentaria más respetuosa con el entorno. Esta sección explora el impacto de la agricultura intensiva, las prácticas sostenibles, los enfoques agroecológicos y regenerativos, la innovación tecnológica y el apoyo gubernamental para la transición hacia una agricultura más respetuosa con el medio ambiente.

El Impacto de la Agricultura Intensiva en el Cambio Climático

La agricultura intensiva, orientada a maximizar la producción de alimentos y especialmente centrada en la producción de carne, ha tenido consecuencias adversas en el medio ambiente y en el clima global. Algunos de los principales impactos incluyen:

- **Deforestación para Ampliación de Terrenos Agrícolas**: La creciente demanda de alimentos, especialmente de carne y productos de origen animal, ha llevado a la deforestación masiva en regiones como la Amazonía, donde se talan grandes áreas de bosque para crear pastizales para el ganado y terrenos de cultivo de soja (utilizada mayormente como alimento para animales). La deforestación no solo reduce la capacidad del planeta para absorber CO_2, sino que también provoca una pérdida masiva de biodiversidad y altera los ciclos naturales del agua y los nutrientes.

- **Emisiones de Metano y Gases de Efecto Invernadero**: La producción de carne, especialmente de vacuno, genera grandes cantidades de metano, un gas de efecto invernadero mucho más potente que el CO_2 en términos de capacidad de calentamiento. El metano es liberado principalmente a través de la digestión de los animales rumiantes, así como en el manejo de estiércol en sistemas ganaderos intensivos.

- **Uso Extensivo de Fertilizantes y Pesticidas**: La agricultura intensiva recurre a fertilizantes sintéticos y pesticidas para maximizar el rendimiento de los cultivos. Estos productos químicos pueden liberar óxidos de nitrógeno, otro potente gas de efecto invernadero, y además contaminar suelos y fuentes de agua. Su uso continuado también deteriora la fertilidad del suelo y provoca resistencia en plagas, generando la necesidad de usar cantidades cada vez mayores.

- **Degradación del Suelo y Reducción de la Biodiversidad**: La expansión de los monocultivos y el uso de maquinaria pesada provocan la degradación y compactación del suelo, lo que disminuye su capacidad para almacenar carbono y agua. La biodiversidad, que es crucial para la salud de los ecosistemas agrícolas, también se ve afectada, ya que la agricultura intensiva reduce los hábitats de especies nativas y altera los equilibrios naturales.

Prácticas de Agricultura Sostenible para Mitigar el Cambio Climático

Para reducir el impacto ambiental de la agricultura, se han desarrollado una serie de prácticas sostenibles que ayudan a minimizar las emisiones y proteger los recursos naturales:

- **Rotación de Cultivos y Diversificación**: La rotación de cultivos implica alternar diferentes tipos de cultivos en el mismo terreno para evitar el agotamiento del suelo y reducir la necesidad de pesticidas. Este método mejora la salud del suelo, incrementa la biodiversidad y reduce las emisiones asociadas con la agricultura intensiva.

- **Uso de Fertilizantes Orgánicos**: En lugar de fertilizantes sintéticos, los fertilizantes orgánicos, como el compost y el estiércol, ofrecen una alternativa sostenible. Estos no solo reducen las emisiones de gases de efecto invernadero, sino que también mejoran la estructura y la fertilidad del suelo a largo plazo.

- **Manejo Adecuado de Residuos Agrícolas**: La gestión responsable de los residuos agrícolas, como restos de cultivos y estiércol, es fundamental para reducir las emisiones de gases como el metano y los óxidos de nitrógeno. En algunos casos, los residuos agrícolas pueden aprovecharse para producir biogás, una fuente de energía renovable que reduce el uso de combustibles fósiles.

- **Agricultura de Conservación**: Este enfoque incluye técnicas como el no labrado y la cobertura vegetal, que protegen el suelo de la erosión, mejoran la retención de carbono y mantienen la humedad. Al reducir la perturbación del suelo, la agricultura de conservación permite que el carbono se mantenga en el suelo, ayudando a mitigar el cambio climático.

Agroecología y Agricultura Regenerativa

La agroecología y la agricultura regenerativa son enfoques que promueven una relación armoniosa entre la actividad agrícola y el entorno natural, basándose en principios de sostenibilidad y conservación:

- **Agroecología**: La agroecología busca integrar principios ecológicos en la producción agrícola, promoviendo sistemas de producción que mantengan la biodiversidad y la salud del suelo. En lugar de depender de insumos externos, como fertilizantes y pesticidas sintéticos, la agroecología utiliza técnicas naturales, como el control biológico de plagas y la rotación de cultivos.

- **Agricultura Regenerativa**: Este enfoque va más allá de la sostenibilidad y se centra en regenerar los ecosistemas degradados. La agricultura regenerativa promueve técnicas como la plantación de árboles en campos agrícolas (agroforestería), el uso de cultivos de cobertura y el pastoreo manejado, que mejoran la fertilidad del suelo, aumentan su capacidad para almacenar carbono y restauran la biodiversidad.

- **Técnicas de Agroforestería**: La plantación de árboles en terrenos agrícolas ayuda a conservar la humedad del suelo, proporciona sombra y protege los cultivos contra la erosión. Además, los árboles actúan como sumideros de carbono, reduciendo la cantidad de CO_2 en la atmósfera y mejorando la resiliencia de los ecosistemas agrícolas.

- **Cultivos de Cobertura y Reducción de Pesticidas**: El uso de cultivos de cobertura, como leguminosas o gramíneas, ayuda a enriquecer el suelo, a evitar la erosión y a reducir la dependencia de pesticidas, ya que estos cultivos pueden competir con las malas hierbas y atraer insectos beneficiosos.

Innovación Tecnológica en la Agricultura

La tecnología está revolucionando la agricultura y permitiendo un uso más eficiente de los recursos, lo que facilita prácticas más sostenibles y respetuosas con el medio ambiente:

- **Drones y Monitoreo Aéreo**: Los drones permiten monitorear los cultivos y obtener datos precisos sobre el estado del suelo, el crecimiento de las plantas y la presencia de plagas. Esta información ayuda a los agricultores a tomar decisiones informadas y a aplicar insumos solo donde realmente se necesitan, reduciendo el uso de pesticidas y fertilizantes.

- **Sensores de Suelo e Irrigación de Precisión**: Los sensores de suelo miden la humedad, la temperatura y otros factores clave que permiten ajustar los sistemas de riego para proporcionar solo la cantidad de agua necesaria. La irrigación de precisión ayuda a reducir el consumo de agua, lo cual es fundamental en áreas donde los recursos hídricos son limitados.

- **Inteligencia Artificial y Big Data en la Gestión Agrícola**: La inteligencia artificial y el análisis de big data permiten a los agricultores predecir patrones climáticos, optimizar la siembra y la cosecha, y gestionar los recursos de manera más eficiente. Estos avances tecnológicos ayudan a aumentar la productividad y a reducir el desperdicio.

- **Agricultura de Precisión**: Este enfoque utiliza tecnología avanzada para realizar un seguimiento detallado de los recursos y las necesidades de los cultivos, lo que permite aplicar insumos (como fertilizantes y pesticidas) de forma precisa y en cantidades mínimas. Esto reduce el impacto ambiental y aumenta la eficiencia en el uso de los recursos.

Apoyo a los Agricultores y Políticas de Incentivo

Para fomentar una transición hacia prácticas agrícolas sostenibles, es fundamental el apoyo de los gobiernos y las organizaciones. Existen diversas políticas y programas que pueden ayudar a los agricultores en este proceso:

- **Subsidios e Incentivos para la Agricultura Sostenible**: Los gobiernos pueden ofrecer subsidios y ayudas economicas a los agricultores que implementen prácticas sostenibles. Estos incentivos pueden cubrir el costo de tecnologías de riego eficiente, la compra de fertilizantes orgánicos o la implementación de sistemas de rotación de cultivos.

- **Pago por Servicios Ambientales (PSA)**: Este programa permite que los agricultores reciban una compensación económica por actividades que contribuyen a la conservación del medio ambiente, como la reforestación, la restauración de suelos y la protección de fuentes de agua. Este tipo de iniciativas ayuda a incentivar la conservación y la regeneración de los recursos naturales.

- **Capacitación y Asesoramiento Técnico**: Las organizaciones y gobiernos pueden ofrecer formación y asesoramiento técnico sobre prácticas sostenibles, tecnología agrícola y gestión ambiental. Esto permite a los agricultores adquirir los conocimientos y habilidades necesarios para adoptar prácticas sostenibles y hacer un uso más eficiente de los recursos.

- **Políticas de Reforestación y Conservación**: Los programas gubernamentales que incentivan la reforestación en tierras agrícolas y la conservación de áreas naturales cercanas a los terrenos de cultivo ayudan a proteger la biodiversidad y a mejorar la capacidad del suelo para almacenar carbono. Estas políticas también favorecen la adaptación al cambio climático al reducir la erosión del suelo y mejorar la retención de agua.

El apoyo a los agricultores en la transición hacia una agricultura sostenible es crucial para asegurar que esta industria pueda adaptarse a los retos ambientales y seguir proporcionando alimentos de manera responsable y sostenible.

Camino hacia un Futuro Sostenible: Colaboración

El desafío de mitigar el cambio climático y asegurar un futuro sostenible requiere una colaboración activa entre los sectores de energía, industria, agricultura y otros actores clave. Solo mediante una coordinación eficiente y una visión compartida podemos alcanzar una economía baja en carbono y preservar los recursos naturales para las generaciones futuras. En esta sección se analiza la interconexión de estos sectores, se destacan ejemplos de proyectos colaborativos y se enfatiza la necesidad de un compromiso colectivo.

La Interconexión entre los Sectores para una Transición Eficiente

La transición hacia una economía sostenible depende en gran medida de la cooperación entre sectores, ya que la energía, la industria y la agricultura están estrechamente interrelacionados y se influyen mutuamente. Cada sector aporta un conjunto único de recursos, tecnologías y conocimientos que, combinados, permiten reducir las emisiones y optimizar el uso de los recursos de forma integral. Algunos ejemplos de esta interdependencia y sus beneficios incluyen:

- **Energía Renovable en la Agricultura**: La adopción de fuentes de energía renovable en el sector agrícola es fundamental para reducir la dependencia de combustibles fósiles en las actividades de riego, producción y almacenamiento. Los paneles solares, por ejemplo, pueden instalarse en tierras agrícolas para abastecer de electricidad a los sistemas de riego, reducir costos y minimizar las emisiones de CO_2 asociadas a la maquinaria y el transporte agrícola.

- **Uso de Materiales Reciclados en la Industria**: La industria tiene la capacidad de reutilizar materiales provenientes de otros sectores, lo que disminuye la necesidad de extraer nuevas materias primas y reduce los residuos. El sector de la construcción, por ejemplo, puede aprovechar materiales reciclados como el hormigón y el acero recuperado, reduciendo así su huella de carbono. Este enfoque no solo es más económico, sino que también promueve la economía circular.

- **Tecnologías de Captura de Carbono y Agricultura Regenerativa**: Los sectores de energía e industria pueden beneficiarse de la colaboración con la agricultura regenerativa para gestionar las emisiones de carbono. Las prácticas agrícolas que aumentan el secuestro de carbono en el suelo ayudan a compensar las emisiones de otros sectores, y al mismo tiempo mejoran la calidad del suelo, lo que aumenta la resiliencia de las áreas agrícolas.

- **Interconexión de Redes y Energía Sostenible en la Industria**: La interconexión de redes de energía renovable entre empresas y sectores permite a las industrias consumir energía de fuentes limpias, como la solar y la eólica. Esta integración reduce la demanda de combustibles fósiles y permite una producción más eficiente y sostenible.

La colaboración intersectorial permite que las prácticas sostenibles se extiendan a todas las áreas productivas y multiplica el impacto positivo de cada iniciativa, creando una economía baja en carbono más integrada y resiliente.

Ejemplos de Proyectos y Alianzas Multisectoriales

En los últimos años, han surgido numerosos proyectos y alianzas entre gobiernos, empresas y organizaciones no gubernamentales que han demostrado el potencial de la colaboración multisectorial para avanzar hacia un modelo sostenible. Algunos ejemplos destacados incluyen:

- **Alianza para la Descarbonización de la Industria**: Esta iniciativa reúne a empresas de diversos sectores industriales con el objetivo de reducir las emisiones mediante tecnologías limpias y mejores prácticas. A través de la adopción de energías renovables y el desarrollo de soluciones de eficiencia energética, la alianza busca establecer un estándar global para la descarbonización de la industria pesada, contribuyendo a los objetivos de reducción de emisiones en países desarrollados y en vías de desarrollo.

- **Proyectos de Reforestación Multisectoriales**: Los proyectos de reforestación, como el Gran Muro Verde en África, son un ejemplo de colaboración entre gobiernos, organizaciones internacionales y comunidades locales para restaurar ecosistemas y combatir la desertificación. Este proyecto, que abarca múltiples países africanos, ha sido apoyado por distintas entidades que trabajan en conjunto para plantar árboles y vegetación nativa, lo cual contribuye a mitigar el cambio climático y a mejorar la calidad de vida de las comunidades locales.

- **Iniciativa de Agricultura Sostenible y Biodiversidad**: Organizaciones como la FAO y el Programa de las Naciones Unidas para el Medio Ambiente han lanzado alianzas con gobiernos y empresas del sector agrícola para implementar prácticas agrícolas sostenibles que reduzcan el impacto ambiental y promuevan la conservación de la biodiversidad. Estas alianzas buscan optimizar el uso de recursos, reducir el desperdicio de agua y proteger los ecosistemas locales, creando una agricultura más resiliente y beneficiosa para el medio ambiente.

- **Alianzas para la Economía Circular en la Industria Textil**: La industria textil es una de las más contaminantes, y muchas empresas están colaborando para implementar prácticas de economía circular. Iniciativas como el "Fashion Pact", que involucra a grandes marcas de moda, promueven la reducción de residuos, el reciclaje de materiales y el uso de fibras sostenibles, así como el compromiso de reducir las emisiones de carbono en toda la cadena de suministro.

- **Acuerdos Internacionales para la Reducción de Emisiones**: A nivel gubernamental, los acuerdos multilaterales como el Acuerdo de París y el Pacto Climático de Glasgow son ejemplos de colaboración entre países para establecer compromisos de reducción de emisiones y desarrollar políticas de transición energética. Estos acuerdos fomentan la cooperación global y sirven de base para la creación de políticas y estrategias nacionales orientadas a la sostenibilidad.

Los proyectos y alianzas multisectoriales muestran cómo la colaboración puede generar soluciones integrales y a gran escala para los desafíos ambientales actuales, creando un efecto positivo que se extiende a diversos sectores y comunidades.

Hacia un Futuro Sostenible: Visión y Compromiso Colectivo

Alcanzar un futuro sostenible requiere una visión compartida en la que todos los sectores, desde el gobierno y la industria hasta la sociedad civil, alineen sus objetivos hacia la protección del medio ambiente y la reducción de emisiones. Este compromiso colectivo es esencial para construir un mundo donde el crecimiento económico, el bienestar social y la salud ambiental coexistan en equilibrio. Los elementos clave para lograr este futuro incluyen:

- **Educación y Conciencia Ambiental**: Promover la educación ambiental en todos los niveles de la sociedad es fundamental para aumentar la conciencia sobre la importancia de la sostenibilidad. La formación en sostenibilidad debe estar presente en las escuelas, universidades y entornos laborales, para que tanto los jóvenes como los profesionales comprendan los desafíos ambientales y se involucren en soluciones proactivas.

- **Innovación y Responsabilidad Corporativa**: Las empresas tienen un papel esencial en la transición hacia un futuro sostenible, y deben asumir la responsabilidad de reducir su impacto ambiental y adoptar modelos de producción y consumo más circulares. La innovación en tecnologías limpias y prácticas sostenibles es clave para que las empresas logren minimizar su huella de carbono y promuevan un desarrollo respetuoso con el medio ambiente.

- **Participación de los Gobiernos y Políticas de Apoyo**: Los gobiernos desempeñan un rol crucial al implementar políticas de incentivos para las energías renovables, la conservación de recursos y la descarbonización. La creación de normativas ambientales más estrictas, el apoyo a las energías limpias y el financiamiento de proyectos sostenibles son fundamentales para impulsar el cambio y establecer un marco regulador que promueva la sostenibilidad.

- **Fomento de la Innovación y la Tecnología Sostenible**: La inversión en investigación y desarrollo de tecnologías sostenibles, como la captura de carbono, las energías limpias y la agricultura de precisión, es necesaria para crear soluciones efectivas frente a los problemas ambientales. Las colaboraciones entre sectores pueden potenciar la creación de tecnología que optimice el uso de recursos y minimice el impacto ambiental.

- **Compromiso Ciudadano y Estilos de Vida Sostenibles**: Cada individuo tiene la responsabilidad de adoptar prácticas sostenibles en su vida diaria. La reducción del consumo de recursos, el reciclaje y el apoyo a productos y empresas sostenibles son acciones que contribuyen a la sostenibilidad. Un cambio en el estilo de vida de los ciudadanos, impulsado por una mayor conciencia ambiental, es clave para el éxito de un cambio global.

- **Fomento de Alianzas Globales y Regionales**: La colaboración a nivel internacional, así como las alianzas regionales entre países, permite compartir conocimientos, recursos y tecnologías para abordar problemas comunes. La cooperación internacional es vital para enfrentar desafíos como el cambio climático y la pérdida de biodiversidad, que trascienden las fronteras nacionales.

La creación de un futuro sostenible solo es posible si todos los sectores y actores sociales participan activamente y alinean sus objetivos y acciones en torno a una visión compartida. Al trabajar juntos, podemos construir una economía baja en carbono, preservar los recursos naturales y garantizar un planeta habitable para las generaciones futuras.

GOBIERNOS Y POLÍTICA AMBIENTAL

Los gobiernos juegan un papel crucial en la creación de un marco regulatorio y en la implementación de políticas que promuevan la sostenibilidad y la protección del medio ambiente. La transición hacia una economía baja en carbono y la mitigación del cambio climático dependen, en gran medida, de la capacidad de los gobiernos para establecer leyes, regulaciones y acuerdos internacionales que impulsen la acción climática a nivel global, regional y local. Este capítulo explora en detalle el rol de los gobiernos en la política ambiental, abarcando desde las leyes y regulaciones hasta los compromisos internacionales y las iniciativas específicas de Europa y España.

Leyes y Regulaciones Ambientales

La legislación ambiental es un componente fundamental para la protección del planeta, ya que establece directrices y restricciones que regulan el uso de recursos naturales y las actividades que impactan el medio ambiente. Los gobiernos utilizan estas leyes para abordar desafíos ambientales como la pérdida de biodiversidad, la contaminación, la gestión de residuos y la escasez de agua. A continuación, se detallan algunas áreas clave en las que las leyes y regulaciones ambientales desempeñan un papel esencial en la sostenibilidad.

Protección de la Biodiversidad y los Ecosistemas

La biodiversidad es vital para la salud de los ecosistemas, ya que garantiza el equilibrio de los procesos naturales, desde la polinización de plantas hasta la regulación del clima. Las leyes enfocadas en la protección de la biodiversidad y los ecosistemas incluyen diversas acciones:

- **Creación de Áreas Protegidas**: Muchos países han establecido parques nacionales, reservas naturales y zonas marinas protegidas para preservar hábitats clave y evitar la degradación de ecosistemas. Estas áreas limitan las actividades humanas que pueden dañar el entorno natural, como la deforestación, la minería y la expansión agrícola.

- **Leyes de Protección de Especies en Peligro**: En muchos países, la protección de especies amenazadas está regulada por leyes específicas que prohíben la caza, captura y comercialización de animales en peligro de extinción. Estas leyes suelen incluir programas de conservación para restaurar las poblaciones de especies vulnerables, así como la promoción de la reproducción en cautiverio de algunas especies.

- **Regulación de la Caza y la Pesca**: Las leyes de caza y pesca regulan las temporadas y las cantidades permitidas de captura, evitando la sobreexplotación de las especies y permitiendo la regeneración de las poblaciones. Estas regulaciones ayudan a mantener la biodiversidad en los ecosistemas acuáticos y terrestres, y están acompañadas de medidas de monitoreo y control.

- **Protección de Ecosistemas Clave**: Los gobiernos suelen identificar ecosistemas críticos, como humedales, manglares, bosques primarios y arrecifes de coral, y aplicar normativas estrictas para su protección. Estos ecosistemas no solo albergan una gran variedad de especies, sino que también desempeñan funciones ecológicas importantes, como la absorción de CO_2 y la protección contra inundaciones y la erosión.

Regulación de Emisiones y Contaminación

La regulación de emisiones es esencial para reducir los gases de efecto invernadero y mejorar la calidad del aire, lo cual tiene un impacto directo en el cambio climático y en la salud pública. Las leyes en este ámbito incluyen:

- **Límites de Emisiones para Sectores Clave**: Los gobiernos establecen límites de emisiones de CO_2 y otros contaminantes para industrias como la manufactura, el transporte y la energía. Las empresas deben cumplir con estos límites, que suelen endurecerse con el tiempo, para reducir su impacto ambiental.

- **Impuestos al Carbono**: Los impuestos al carbono son una herramienta efectiva para incentivar a las empresas y a los consumidores a reducir su consumo de combustibles fósiles. Este impuesto grava las emisiones de CO_2 y suele destinar los fondos recaudados a proyectos de sostenibilidad, como la inversión en energías renovables y la reforestación.

- **Sistemas de Comercio de Emisiones**: Algunos países y regiones, como la Unión Europea, han implementado sistemas de comercio de emisiones en los que las empresas pueden comprar y vender permisos para emitir una cantidad limitada de gases contaminantes. Estos sistemas establecen un tope de emisiones y permiten que las empresas que logren reducir sus emisiones por debajo de este límite vendan sus permisos a otras, promoviendo la eficiencia y la reducción de la huella de carbono.

- **Normativas de Calidad del Aire**: Para proteger la salud pública, muchas ciudades y países han implementado normativas que limitan las concentraciones de contaminantes en el aire, como el ozono, el dióxido de azufre y el dióxido de nitrógeno. Estas regulaciones exigen controles en sectores como el transporte y la industria y son especialmente importantes en áreas urbanas densamente pobladas.

Leyes de Gestión de Residuos y Reciclaje

La gestión de residuos es fundamental para reducir el impacto ambiental de la acumulación de basura y para evitar la contaminación de suelos y aguas. Las leyes de gestión de residuos suelen incluir:

- **Regulaciones de Reciclaje**: Muchos países han establecido normativas de reciclaje que exigen a empresas y ciudadanos separar los residuos y reutilizar materiales. Estas leyes facilitan la economía circular y ayudan a reducir la cantidad de desechos que terminan en vertederos, promoviendo el uso de materiales reciclados en la industria.

- **Prohibición de Plásticos de un Solo Uso**: La prohibición de plásticos de un solo uso, como bolsas, pajitas y botellas, es una medida cada vez más común para reducir la contaminación plástica. Los gobiernos buscan reemplazar estos productos con alternativas biodegradables y reutilizables, disminuyendo así el impacto ambiental de los plásticos en los ecosistemas.

- **Regulación de Residuos Peligrosos**: Las leyes sobre residuos peligrosos regulan el almacenamiento, transporte y eliminación de materiales tóxicos, como productos químicos, desechos médicos y residuos electrónicos. Estas regulaciones protegen el medio ambiente y la salud pública, exigiendo que los residuos peligrosos se gestionen de manera segura y responsable.

- **Incentivos para la Economía Circular**: Además de las normativas de reciclaje, algunos gobiernos promueven la economía circular mediante incentivos fiscales y subsidios para las empresas que implementan modelos de producción sostenibles. Estas políticas apoyan la reutilización de materiales y la reducción de residuos, contribuyendo a un modelo de producción y consumo más sostenible.

Normativas sobre Uso de Agua y Protección de Recursos Hídricos

La gestión del agua es esencial para la sostenibilidad y para satisfacer las necesidades de las comunidades, la agricultura y la industria. Las leyes de protección de los recursos hídricos incluyen:

- **Regulación del Uso de Agua en Sectores Específicos**: En muchos países, el uso del agua está regulado en sectores intensivos como la agricultura y la industria. Estas leyes limitan la extracción de agua en períodos de sequía y establecen normas para su uso responsable, con el fin de evitar el agotamiento de las reservas y proteger los ecosistemas acuáticos.

- **Protección de Fuentes de Agua y Zonas de Recarga**: Las leyes de protección de fuentes de agua buscan preservar acuíferos, lagos, ríos y otras fuentes importantes. En áreas sensibles, como las zonas de recarga de acuíferos, se implementan restricciones para prevenir la contaminación y asegurar la calidad del agua para el consumo humano y la biodiversidad.

- **Normativas de Tratamiento de Aguas Residuales**: La legislación sobre el tratamiento de aguas residuales exige a las industrias y a las zonas urbanas tratar sus aguas antes de devolverlas a los cuerpos de agua. Esto evita que contaminantes peligrosos lleguen a ríos y mares, y protege la salud de las comunidades y de los ecosistemas acuáticos.

- **Gestión Sostenible de Cuencas Hidrográficas**: Muchos países aplican leyes de gestión de cuencas hidrográficas para proteger las áreas que abastecen los recursos hídricos. Estas leyes promueven prácticas sostenibles de uso del suelo y la reforestación de cuencas, lo cual contribuye a la recarga de los acuíferos y reduce el riesgo de inundaciones.

Subvenciones e Incentivos para Energías Renovables

Para facilitar la transición hacia una economía baja en carbono, los gobiernos implementan subvenciones e incentivos para las energías renovables. Estas políticas incluyen:

- **Subvenciones para Energía Solar y Eólica**: Los gobiernos suelen ofrecer subsidios a empresas y particulares que instalan paneles solares y turbinas eólicas, lo cual hace que las energías renovables sean más accesibles y rentables. Estos subsidios ayudan a reducir el costo inicial de la infraestructura y aceleran la adopción de fuentes de energía limpia.

- **Incentivos Fiscales y Créditos Verdes**: Los incentivos fiscales permiten a los ciudadanos y empresas obtener deducciones o créditos por invertir en proyectos de energía renovable. Estas políticas hacen que las energías limpias sean una opción económicamente atractiva y facilitan la transición energética.

- **Programas de Investigación y Desarrollo en Energías Renovables**: Muchos gobiernos invierten en programas de investigación y desarrollo para mejorar las tecnologías de energías renovables. Estos programas financian la innovación en almacenamiento de energía, eficiencia de los paneles solares y mejora de las turbinas eólicas, entre otros, y ayudan a reducir los costos y aumentar la competitividad de estas fuentes de energía.

- **Financiación para la Infraestructura de Redes Inteligentes**: Las redes inteligentes permiten gestionar de forma más eficiente la energía generada por fuentes renovables y equilibrar la oferta y la demanda. Los gobiernos financian proyectos de redes inteligentes que mejoran la integración de las energías limpias en el sistema eléctrico, reduciendo las interrupciones y facilitando el uso de renovables a gran escala.

La legislación y las regulaciones ambientales son esenciales para proteger el medio ambiente y facilitar la transición hacia una economía sostenible. Al establecer normas claras en áreas como la biodiversidad, las emisiones, los residuos, el uso del agua y las energías renovables, los gobiernos crean un marco de acción que orienta a las empresas y ciudadanos hacia prácticas más responsables y sostenibles.

Acuerdos Internacionales y Compromisos Globales

La cooperación entre naciones es crucial para enfrentar los problemas ambientales, especialmente el cambio climático y la pérdida de biodiversidad, que son desafíos globales sin fronteras. A través de acuerdos internacionales, los países establecen objetivos comunes y comparten responsabilidades para reducir las emisiones, proteger la biodiversidad y promover el desarrollo sostenible. En esta sección se analizan algunos de los principales acuerdos y compromisos que guían la acción climática y ambiental a nivel mundial.

El Acuerdo de París

El Acuerdo de París es uno de los acuerdos climáticos más relevantes en la lucha contra el cambio climático. Firmado en 2015 durante la Conferencia de las Naciones Unidas sobre el Cambio Climático (COP21) en París, este acuerdo estableció un marco global para la reducción de emisiones de gases de efecto invernadero. Sus objetivos principales incluyen:

- **Limitación del Aumento de la Temperatura Global**: El acuerdo establece el compromiso de limitar el aumento de la temperatura mundial a menos de 2 °C en comparación con los niveles preindustriales, con el objetivo de no superar los 1,5

°C para evitar los impactos más devastadores del cambio climático. Esto es fundamental para reducir el riesgo de fenómenos climáticos extremos, la pérdida de biodiversidad y otros efectos ambientales.

- **Contribuciones Determinadas a Nivel Nacional (NDCs)**: Cada país firmante del Acuerdo de París debe presentar y actualizar regularmente sus NDCs, que son planes específicos para reducir las emisiones y mitigar el cambio climático. Las NDCs incluyen compromisos de reducción de emisiones, planes de adaptación al cambio climático y metas de sostenibilidad que deben ser revisadas y actualizadas cada cinco años, de modo que los países aumenten progresivamente su ambición climática.

- **Financiación Climática para Países en Desarrollo**: El Acuerdo de París también promueve la movilización de fondos para ayudar a los países en desarrollo a implementar sus NDCs y adaptarse a los efectos del cambio climático. Los países desarrollados se comprometieron a destinar 100.000 millones de dólares anuales para financiar acciones climáticas en los países en desarrollo, aunque este objetivo aún no se ha cumplido en su totalidad.

- **Transparencia y Seguimiento de los Compromisos**: El acuerdo establece un sistema de transparencia y rendición de cuentas para asegurar que los países informen de sus avances y cumplan con sus compromisos. Los informes de progreso permiten evaluar el cumplimiento de los objetivos y aumentar la presión para que los gobiernos adopten políticas más ambiciosas.

El Acuerdo de París es un pacto dinámico y revisable, lo cual permite que los países aumenten sus compromisos con el tiempo en función de las necesidades y los avances tecnológicos. Es un hito en la historia de la cooperación climática y sigue siendo fundamental para alcanzar los objetivos globales de sostenibilidad.

Protocolo de Kioto y su Relevancia Histórica

El Protocolo de Kioto, firmado en 1997 y en vigor desde 2005, fue el primer tratado internacional que estableció objetivos vinculantes de reducción de emisiones para los países desarrollados. Aunque fue reemplazado por el Acuerdo de París en 2015, el Protocolo de Kioto marcó un hito en la política climática global:

- **Objetivos de Reducción de Emisiones para Países Desarrollados**: El protocolo obligó a los países desarrollados a reducir sus emisiones de gases de efecto invernadero en un promedio del 5 % en comparación con los niveles de 1990, durante el período de 2008 a 2012. Estos objetivos vinculantes sentaron un precedente para futuras negociaciones climáticas.

- **Creación de Mecanismos de Mercado de Carbono**: El Protocolo de Kioto introdujo los primeros mecanismos de mercado de carbono, como el Mecanismo de Desarrollo Limpio (MDL) y el comercio de emisiones. Estos mecanismos permitieron que los países y empresas con objetivos de reducción de emisiones pudieran compensar sus emisiones invirtiendo en proyectos de reducción de carbono en otros países, lo cual fomentó la cooperación internacional y la innovación en tecnologías limpias.

- **Segundo Período de Compromiso**: El Protocolo de Kioto fue extendido en 2012 mediante la Enmienda de Doha, que estableció un segundo período de compromiso hasta 2020. Sin embargo, el protocolo tuvo limitaciones, ya que no incluyó a algunos de los mayores emisores de gases de efecto invernadero, como Estados Unidos y China, lo cual llevó a la necesidad de un acuerdo más inclusivo, como el Acuerdo de París.

El Protocolo de Kioto fue pionero en la creación de un marco legal para la reducción de emisiones y en la implementación de mecanismos de mercado para la mitigación climática, sentando las bases para los compromisos climáticos actuales.

Pacto Climático de Glasgow

El Pacto Climático de Glasgow fue un acuerdo adoptado durante la COP26 en 2021. Esta cumbre marcó un hito en la acción climática global, reforzando los compromisos del Acuerdo de París y subrayando la urgencia de medidas inmediatas para limitar el calentamiento global a 1,5 °C. Los aspectos más destacados del pacto incluyen:

- **Reducción del Uso del Carbón y Eliminación de Subvenciones a los Combustibles Fósiles**: El pacto hace una llamada a reducir progresivamente el uso del carbón, que es uno de los mayores emisores de CO_2, y a eliminar las subvenciones a los combustibles fósiles ineficientes. Este compromiso marca un paso importante hacia la descarbonización de la economía global.

- **Incremento de la Financiación Climática**: Uno de los objetivos del pacto es aumentar la financiación para ayudar a los países en desarrollo a adaptarse a los efectos del cambio climático. También se establecieron metas para mejorar la resiliencia de las comunidades vulnerables, fomentando la justicia climática y la equidad en la acción climática.

- **Compromiso de Actualizar las NDCs para 2022**: A diferencia del plazo de cinco años del Acuerdo de París, el pacto de Glasgow instó a los países a actualizar sus NDCs en 2022 para reflejar una mayor ambición climática, dada la urgencia de reducir las emisiones antes de 2030. Esto refuerza la importancia de la revisión y la adaptación constante de los compromisos climáticos.

- **Protección de los Ecosistemas y Reducción de la Deforestación**: El pacto también subraya la importancia de los ecosistemas naturales, promoviendo la protección de los bosques y la reducción de la deforestación como medidas esenciales para combatir el cambio climático y preservar la biodiversidad.

El Pacto Climático de Glasgow es un recordatorio de la urgencia de actuar y un compromiso renovado para alcanzar los objetivos de París, enfocándose en una reducción rápida de emisiones y en la financiación para la adaptación climática.

Convenios para la Conservación de la Biodiversidad

La conservación de la biodiversidad es un pilar fundamental de la sostenibilidad ambiental. Además de los acuerdos climáticos, existen convenios internacionales que buscan proteger la biodiversidad y promover el uso sostenible de los recursos naturales:

- **Convenio sobre la Diversidad Biológica (CDB)**: Este convenio, adoptado en la Cumbre de la Tierra de Río en 1992, tiene como objetivos la conservación de la biodiversidad, el uso sostenible de sus componentes y la distribución justa y equitativa de los beneficios derivados de los recursos genéticos. A través de planes de acción, los países implementan medidas de conservación y sostenibilidad, promoviendo la recuperación de especies en peligro y la creación de áreas protegidas.

- **Convención de Ramsar sobre los Humedales**: Firmada en 1971, la Convención de Ramsar tiene como objetivo proteger los humedales de importancia internacional, que son ecosistemas clave para la biodiversidad, la regulación del agua y la mitigación del cambio climático. Los países firmantes se comprometen a designar sitios Ramsar y a aplicar medidas de protección y uso sostenible de estos ecosistemas.

- **Convenio sobre el Comercio Internacional de Especies Amenazadas de Fauna y Flora Silvestres (CITES)**: Este convenio regula el comercio de especies de fauna y flora en peligro de extinción para evitar su explotación insostenible. CITES establece un sistema de permisos para el comercio internacional de especies protegidas, promoviendo la conservación de especies amenazadas y la protección de los ecosistemas.

- **Acuerdo sobre la Conservación de las Aves Acuáticas Migratorias de África y Eurasia (AEWA)**: Este acuerdo, adoptado en 1995, busca proteger las aves acuáticas migratorias y sus hábitats en Europa, África y Asia. A través de acciones de conservación, monitoreo y sensibilización, el AEWA promueve la colaboración internacional para proteger las rutas migratorias y los hábitats de estas especies.

Estos convenios internacionales son fundamentales para la protección de la biodiversidad y el equilibrio de los ecosistemas, y establecen un marco de cooperación global para enfrentar la crisis de biodiversidad.

Objetivos de Desarrollo Sostenible (ODS) de la ONU

Los Objetivos de Desarrollo Sostenible (ODS), establecidos en 2015 por la Asamblea General de la ONU, son una hoja de ruta para el desarrollo sostenible a nivel mundial. Los ODS incluyen 17 objetivos que abarcan diferentes aspectos de la sostenibilidad ambiental, social y económica, y algunos están directamente relacionados con la acción climática y la protección del medio ambiente:

- **ODS 13: Acción por el Clima**: Este objetivo busca adoptar medidas urgentes para combatir el cambio climático y sus efectos, alineándose con los compromisos del Acuerdo de París. Incluye metas específicas para fortalecer la resiliencia y la adaptación a los desastres climáticos y para integrar las políticas climáticas en los planes nacionales.

- **ODS 14: Vida Submarina**: Este objetivo promueve la conservación y el uso sostenible de los océanos, mares y recursos marinos. Las metas incluyen reducir la contaminación marina, proteger los ecosistemas costeros y restaurar las poblaciones de peces, lo cual es fundamental para mantener el equilibrio de los ecosistemas acuáticos.

- **ODS 15: Vida de Ecosistemas Terrestres**: Este objetivo se centra en la protección, restauración y uso sostenible de los ecosistemas terrestres, como los bosques, las montañas y los humedales. Las metas incluyen detener la deforestación, restaurar los ecosistemas degradados y proteger la biodiversidad, elementos esenciales para el desarrollo sostenible.

- **ODS 6: Agua Limpia y Saneamiento**: Este objetivo promueve el acceso universal al agua potable y al saneamiento, y establece metas para mejorar la calidad del agua, reducir la contaminación y proteger los ecosistemas acuáticos. La gestión sostenible del agua es crucial para el desarrollo y para enfrentar el cambio climático.

- **ODS 7: Energía Asequible y No Contaminante**: Este objetivo fomenta el acceso a energía asequible, segura, sostenible y moderna. Su enfoque en la energía limpia y renovable es clave para reducir las emisiones de gases de efecto invernadero y para avanzar en la transición energética.

Los ODS proporcionan una visión integral de la sostenibilidad y guían las acciones de los gobiernos, empresas y organizaciones hacia un desarrollo equilibrado que protege el medio ambiente y mejora la calidad de vida.

Iniciativas Europeas para la Sostenibilidad

La Unión Europea (UE) ha establecido un conjunto de políticas e iniciativas ambiciosas para liderar la transición hacia un futuro sostenible. Con el objetivo de ser el primer continente climáticamente neutro para 2050, la UE busca no solo reducir sus propias emisiones de gases de efecto invernadero, sino también establecer un modelo que inspire a otras regiones del mundo. En esta sección se analizan las principales iniciativas europeas que abarcan diversos sectores, desde la energía y la economía hasta la biodiversidad y la financiación de proyectos sostenibles.

Pacto Verde Europeo

El Pacto Verde Europeo es un plan integral que guía la transformación de la economía de la UE para hacerla más sostenible. Adoptado en 2019, este pacto se centra en alcanzar la neutralidad de carbono para 2050 y en reducir las emisiones de gases de efecto invernadero en al menos un 55 % para 2030 en comparación con los niveles de 1990. Las áreas clave del Pacto Verde incluyen:

- **Transición Energética**: El Pacto Verde impulsa el cambio hacia energías limpias y renovables, reduciendo la dependencia de los combustibles fósiles. Para ello, la UE fomenta la adopción de tecnologías limpias, como la energía solar y eólica, y apoya la inversión en infraestructuras de almacenamiento de energía para garantizar un suministro estable.

- **Movilidad Sostenible**: La estrategia de movilidad sostenible promueve el transporte de bajas emisiones mediante el impulso de vehículos eléctricos, el desarrollo de infraestructuras de carga y la mejora del transporte público. Además, fomenta el cambio hacia sistemas de transporte ferroviario y marítimo, que son menos contaminantes en comparación con el transporte aéreo y terrestre.

- **Agricultura Sostenible y la Estrategia "De la Granja a la Mesa"**: El Pacto Verde establece la estrategia "De la Granja a la Mesa", que promueve la sostenibilidad en la agricultura y la producción de alimentos. Esta estrategia busca reducir el uso de pesticidas y fertilizantes, fomentar la producción orgánica y asegurar la sostenibilidad de la cadena alimentaria.

- **Restauración de Ecosistemas y Biodiversidad**: La UE también se ha comprometido a restaurar y proteger los ecosistemas y la biodiversidad, promoviendo la reforestación, la protección de áreas marinas y la reducción de la contaminación del suelo y el agua. La conservación de la biodiversidad es una prioridad para mitigar el cambio climático y mejorar la resiliencia de los ecosistemas.

El Pacto Verde Europeo representa un marco ambicioso que no solo establece objetivos climáticos, sino que también integra la sostenibilidad en todos los sectores económicos, desde la energía hasta la agricultura y el transporte, fomentando una economía verde e inclusiva.

Reglamento de Taxonomía de la UE

El Reglamento de Taxonomía de la UE es una herramienta pionera que define qué actividades económicas pueden considerarse sostenibles desde el punto de vista ambiental. Este sistema de clasificación proporciona claridad para inversores, empresas y gobiernos, facilitando la financiación de proyectos que contribuyan a la sostenibilidad. Los elementos clave de la taxonomía incluyen:

- **Criterios de Sostenibilidad**: El reglamento establece criterios claros para clasificar actividades sostenibles en sectores como la energía, el transporte, la construcción y la gestión de residuos. Las actividades se evalúan en función de su contribución a seis objetivos ambientales, entre ellos la mitigación y adaptación al cambio climático, la economía circular y la protección de la biodiversidad.

- **Transparencia para Inversores y Empresas**: La taxonomía proporciona a los inversores una herramienta para identificar oportunidades de inversión en proyectos y empresas que cumplan con los criterios de sostenibilidad. Esto aumenta la transparencia en el mercado financiero y facilita el flujo de capital hacia actividades verdes.

- **Facilitación de la Financiación Sostenible**: La taxonomía es una base para los bonos verdes y otros instrumentos financieros sostenibles, que permiten a los inversores canalizar fondos hacia proyectos que cumplan con altos estándares ambientales. Este marco regula la emisión de productos financieros sostenibles, alineando las inversiones con los objetivos climáticos de la UE.

El Reglamento de Taxonomía contribuye a la transformación de la economía europea al orientar la inversión hacia actividades sostenibles y fomentar la transición hacia una economía neutra en carbono.

Estrategia de Economía Circular

La Estrategia de Economía Circular es una iniciativa clave para reducir la explotación de recursos naturales y minimizar la generación de residuos. Este enfoque promueve la transición de un modelo económico lineal ("producir, usar y desechar") a un modelo circular basado en la reducción, la reutilización y el reciclaje. Algunos componentes clave de esta estrategia incluyen:

- **Ecodiseño y Producción Sostenible**: La estrategia promueve el diseño de productos más duraderos, reparables y reciclables, fomentando prácticas de producción que minimicen el uso de recursos y la generación de residuos. Esto incluye la regulación de productos electrónicos, textiles y envases, que deben cumplir con estándares de sostenibilidad.

- **Gestión Sostenible de Residuos**: La economía circular fomenta la separación y el reciclaje de residuos para reducir la cantidad de materiales que terminan en los vertederos. La UE busca aumentar las tasas de reciclaje, en particular de plásticos y materiales peligrosos, y reducir el uso de plásticos de un solo uso en productos y envases.

- **Promoción del Consumo Responsable**: La estrategia también fomenta un cambio en el comportamiento de los consumidores, promoviendo la reparación de productos, la reutilización y el consumo responsable. Iniciativas como los sistemas de devolución y depósito para envases y el fomento de la compra de productos reciclados son ejemplos de cómo la economía circular busca involucrar a los consumidores.

- **Innovación y Nuevos Modelos de Negocio**: La economía circular impulsa la innovación y la creación de modelos de negocio basados en el alquiler, la reparación y el reciclaje. Esto fomenta la aparición de empresas que promueven servicios de reutilización y reciclaje, contribuyendo a la sostenibilidad y la generación de empleo verde.

La estrategia de economía circular busca crear una economía más eficiente y sostenible, que reduzca la explotación de recursos y minimice el impacto ambiental de la producción y el consumo.

Programa LIFE

El Programa LIFE es el principal instrumento de financiación de la UE para proyectos de conservación ambiental, acción climática y sostenibilidad. Desde su creación en 1992, LIFE ha financiado miles de proyectos en toda Europa, promoviendo la innovación y la implementación de soluciones sostenibles. Los principales componentes del programa incluyen:

- **Conservación de la Naturaleza y la Biodiversidad**: LIFE financia proyectos de conservación que protegen y restauran ecosistemas y especies en peligro de extinción. Estos proyectos incluyen la restauración de hábitats, la reforestación y la protección de áreas naturales, contribuyendo a la preservación de la biodiversidad en Europa.

- **Acción Climática y Mitigación del Cambio Climático**: LIFE apoya proyectos que buscan reducir las emisiones de gases de efecto invernadero mediante la implementación de energías renovables, la mejora de la eficiencia energética y la promoción de prácticas sostenibles en sectores como la agricultura y la industria.

- **Economía Circular y Eficiencia en el Uso de Recursos**: LIFE financia proyectos que impulsan la economía circular, fomentando la reducción de residuos y la reutilización de materiales. Esto incluye iniciativas para mejorar la gestión de residuos y promover el reciclaje en sectores industriales y urbanos.

- **Apoyo a la Participación Ciudadana y la Sensibilización Ambiental**: El programa también financia proyectos que promueven la educación y la sensibilización ambiental, involucrando a las comunidades en la protección del medio ambiente. Esto fomenta una mayor conciencia sobre la importancia de la sostenibilidad y la acción climática.

El Programa LIFE es un pilar fundamental en la financiación de iniciativas ambientales en Europa, contribuyendo a la innovación y a la implementación de soluciones efectivas para enfrentar los desafíos ambientales.

Ley Europea del Clima

La Ley Europea del Clima, aprobada en 2021, convierte en obligación legal el objetivo de la UE de ser climáticamente neutra para 2050. Esta ley establece metas vinculantes de reducción de emisiones y requiere que los Estados miembros informen periódicamente sobre sus progresos. Los aspectos clave de la Ley Europea del Clima incluyen:

- **Objetivos de Reducción de Emisiones a Largo Plazo**: La ley establece que la UE debe reducir sus emisiones en al menos un 55 % para 2030 y alcanzar la neutralidad climática en 2050. Estos objetivos son vinculantes y reflejan el compromiso de la UE con el Acuerdo de París y la lucha contra el cambio climático.

- **Adaptación al Cambio Climático**: La ley no solo se centra en la mitigación, sino también en la adaptación, estableciendo que los Estados miembros deben implementar medidas para mejorar la resiliencia de sus economías y comunidades frente a los efectos del cambio climático. Esto incluye planes para proteger los recursos hídricos, las infraestructuras y la salud pública.

- **Revisión y Seguimiento del Progreso**: La ley exige que los Estados miembros informen periódicamente sobre sus avances en la reducción de emisiones y en la implementación de políticas de sostenibilidad. La Comisión Europea evalúa estos informes y puede recomendar medidas adicionales para asegurar el cumplimiento de los objetivos.

- **Inclusión de la Sociedad y los Agentes Económicos**: La Ley Europea del Clima busca involucrar a la sociedad civil y al sector privado en la transición hacia la sostenibilidad. Esto incluye consultas públicas y la promoción de iniciativas que fomenten la participación de empresas y ciudadanos en la lucha contra el cambio climático.

La Ley Europea del Clima proporciona una base legal sólida para la acción climática en Europa y refuerza el compromiso de los Estados miembros con un futuro climáticamente neutro.

Estas iniciativas europeas muestran el liderazgo de la UE en la implementación de políticas ambientales ambiciosas y su compromiso con la sostenibilidad a largo plazo. A través de políticas integrales y vinculantes como el Pacto Verde, la economía circular, el programa LIFE y la Ley Europea del Clima, la UE no solo establece un marco para la protección del medio ambiente, sino que también impulsa una transformación económica que promueve la innovación, la creación de empleo verde y una economía resiliente frente al cambio climático.

Políticas Ambientales en España

España, en línea con los objetivos climáticos y ambientales de la Unión Europea, ha implementado diversas políticas y estrategias para reducir su impacto ambiental y adaptarse a los efectos del cambio climático. Estas políticas abordan desde la transición energética hasta la protección de la biodiversidad, la economía circular y la adaptación a fenómenos extremos. A continuación, se detallan algunas de las principales políticas ambientales en el país.

Ley de Cambio Climático y Transición Energética

Aprobada en 2021, la Ley de Cambio Climático y Transición Energética es la primera normativa en España que establece objetivos de reducción de emisiones y promueve el uso de energías renovables para facilitar la transición hacia una economía baja en carbono. Sus aspectos más destacados incluyen:

- **Objetivo de Neutralidad Climática para 2050**: La ley fija como objetivo la neutralidad climática para el año 2050, lo que implica que las emisiones de gases de efecto invernadero deberán reducirse al mínimo posible y las restantes deberán ser compensadas. Este objetivo es fundamental para alinear a España con los compromisos europeos y el Acuerdo de París.

- **Reducción de Emisiones para 2030**: Se establece un objetivo de reducción de emisiones del 23 % para 2030 en comparación con los niveles de 1990. Este compromiso implica un esfuerzo significativo en sectores como la energía, el transporte y la industria, con políticas que promuevan la eficiencia energética y la adopción de tecnologías limpias.

- **Impulso a las Energías Renovables**: La ley promueve la expansión de las energías renovables y establece que al menos un 42 % de la energía consumida en el país deberá provenir de fuentes renovables para 2030. Además, se fomenta la inversión en infraestructuras de almacenamiento energético y redes inteligentes que faciliten la integración de estas fuentes en el sistema eléctrico.

- **Electrificación del Transporte y Movilidad Sostenible**: La ley establece la prohibición de la venta de vehículos que emitan CO_2 para 2040 y promueve el desarrollo de infraestructuras de recarga para vehículos eléctricos. Además, se incentivan proyectos de movilidad sostenible y se impulsa la mejora del transporte público para reducir la dependencia de los combustibles fósiles.

- **Protección de los Ecosistemas y la Biodiversidad**: La normativa también incluye medidas de protección y restauración de los ecosistemas, reconociendo la importancia de los recursos naturales en la mitigación del cambio climático. La restauración de áreas degradadas y la creación de corredores ecológicos son parte de este compromiso.

La Ley de Cambio Climático y Transición Energética es una de las políticas más importantes para guiar a España hacia un futuro más sostenible y reducir su huella de carbono.

Plan Nacional Integrado de Energía y Clima (PNIEC)

El Plan Nacional Integrado de Energía y Clima (PNIEC) es una hoja de ruta que establece las acciones que España implementará entre 2021 y 2030 para cumplir con sus compromisos de reducción de emisiones. Este plan se centra en cinco áreas prioritarias:

- **Expansión de Energías Renovables**: El PNIEC establece que el 74 % de la electricidad deberá ser generada a partir de fuentes renovables para 2030. Esto implica un aumento significativo en la capacidad instalada de energía solar, eólica y otras fuentes renovables, con inversiones en nuevas infraestructuras y tecnologías.

- **Mejora de la Eficiencia Energética**: El plan incluye medidas para reducir el consumo de energía en un

39,5 % mediante la implementación de tecnologías de eficiencia energética en edificios, transporte e industria. La mejora de la eficiencia es clave para reducir la demanda de energía y disminuir las emisiones.

- **Reducción del Uso de Combustibles Fósiles en el Transporte**: El PNIEC fomenta la electrificación del transporte y la transición hacia vehículos de cero emisiones. Para ello, se establecen incentivos para la compra de vehículos eléctricos y se promueve el desarrollo de infraestructuras de recarga, especialmente en áreas urbanas y rurales.

- **Investigación e Innovación en Tecnologías Limpias**: El plan apoya la investigación y el desarrollo de tecnologías limpias y soluciones de almacenamiento energético que faciliten la integración de renovables. Esto incluye la inversión en sistemas de almacenamiento de energía y la digitalización de las redes eléctricas.

- **Transición Justa para Regiones Dependientes del Carbón**: El PNIEC incluye un compromiso de transición justa para apoyar a las comunidades y trabajadores afectados por el cierre de minas de carbón y centrales térmicas. Este apoyo implica la creación de empleos en sectores sostenibles y el desarrollo de proyectos económicos en regiones en transición.

El PNIEC establece metas ambiciosas que permitirán a España avanzar en su transición energética y contribuir a la reducción de emisiones a nivel europeo.

Estrategia de Economía Circular en España

La Estrategia Española de Economía Circular tiene como objetivo transformar el modelo de producción y consumo para reducir el uso de materiales, fomentar la reutilización y el reciclaje y minimizar la generación de residuos. Los componentes clave de esta estrategia incluyen:

- **Reducción de Residuos y Reciclaje**: La estrategia establece objetivos específicos de reducción de residuos para 2030, con énfasis en la eliminación de los plásticos de un solo uso y la mejora de la infraestructura de reciclaje en sectores como la construcción, el textil y el embalaje.

- **Promoción de la Reutilización y el Ecodiseño**: Fomenta el diseño de productos que sean más duraderos, reparables y reciclables, facilitando su reutilización y reduciendo el desperdicio. El ecodiseño se aplica especialmente en productos electrónicos, textiles y envases.

- **Fomento de la Economía Circular en la Industria y la Construcción**: La estrategia promueve el uso de materiales reciclados en la industria y la construcción, así como la creación de nuevos modelos de negocio basados en la economía circular. Esto incluye incentivos fiscales y apoyo a la investigación en tecnologías de reciclaje.

- **Participación Ciudadana y Concienciación**: La estrategia también busca sensibilizar a la población sobre la importancia de un consumo responsable y la economía circular. Mediante campañas de educación y concienciación, se fomenta la participación de los ciudadanos en la reducción de residuos y la separación de materiales.

La Estrategia de Economía Circular contribuye a reducir el impacto ambiental del consumo en España y a construir un modelo económico más sostenible y eficiente.

Red Natura 2000

España alberga una de las mayores áreas de la Red Natura 2000, un conjunto de áreas protegidas que abarca más de un 27 % del territorio nacional. Esta red tiene como objetivo conservar la biodiversidad y proteger los hábitats y las especies de flora y fauna en peligro. Los componentes clave de la Red Natura 2000 en España incluyen:

- **Protección de Hábitats Naturales y Especies Amenazadas**: La red protege hábitats específicos, como bosques, humedales, montañas y áreas costeras, asegurando la supervivencia de especies en peligro de extinción. Las áreas designadas están sujetas a medidas de conservación y gestión que limitan actividades que puedan degradar el entorno.

- **Regulación de Actividades en Áreas Protegidas**: La Red Natura 2000 regula actividades humanas en estas áreas, incluyendo la agricultura, el turismo y la industria, para asegurar que no se dañen los ecosistemas. La red promueve prácticas sostenibles y respeta los valores ecológicos de cada área.

- **Fomento de la Biodiversidad y los Ecosistemas Saludables**: La red es una herramienta clave para la recuperación de especies y la restauración de ecosistemas degradados. Las actividades de conservación en estas áreas incluyen la reforestación, el control de especies invasoras y la restauración de hábitats para mejorar la biodiversidad.

- **Cooperación Internacional**: La Red Natura 2000 forma parte de la estrategia de conservación de la UE y está alineada con el Convenio sobre la Diversidad Biológica. La cooperación entre los países de la UE facilita la protección de las rutas migratorias y la conservación de especies transfronterizas.

La Red Natura 2000 en España es fundamental para preservar la biodiversidad y garantizar la protección de los recursos naturales en el país.

Plan de Adaptación al Cambio Climático

España es uno de los países de Europa más vulnerables a los efectos del cambio climático, como las sequías, la desertificación y el aumento de las temperaturas. El Plan Nacional de Adaptación al Cambio Climático tiene como objetivo fortalecer la resiliencia del país frente a estos impactos y proteger a las comunidades vulnerables. Los componentes clave del plan incluyen:

- **Medidas para la Gestión del Agua y la Agricultura**: El plan promueve el uso sostenible del agua y adapta la agricultura a las condiciones climáticas cambiantes. Esto incluye la implementación de tecnologías de riego eficiente, la gestión de cuencas hidrográficas y la diversificación de cultivos que sean más resistentes a la sequía.

- **Protección de la Salud Pública**: El plan aborda los riesgos para la salud asociados con el cambio climático, como el aumento de enfermedades respiratorias y cardiovasculares debido a olas de calor y la propagación de enfermedades transmitidas por vectores. Se desarrollan estrategias para mejorar la capacidad de respuesta de los servicios de salud ante estos riesgos.

- **Fortalecimiento de la Infraestructura**: Las infraestructuras de transporte, energía y edificios se están adaptando para soportar condiciones climáticas extremas, como olas de calor, inundaciones y tormentas. Esto incluye la modernización de edificios para mejorar la eficiencia energética y la construcción de infraestructuras más resilientes.

- **Protección de los Ecosistemas Vulnerables**: Se implementan medidas para proteger y restaurar ecosistemas vulnerables al cambio climático, como zonas costeras, humedales y montañas. La adaptación de estos ecosistemas es crucial para preservar su biodiversidad y su capacidad para almacenar carbono.

El Plan de Adaptación al Cambio Climático permite a España prepararse para los efectos del cambio climático, protegiendo la economía, la biodiversidad y el bienestar de la población.

Estas políticas reflejan el compromiso de España con la sostenibilidad y la protección ambiental. Desde la transición hacia una economía baja en carbono hasta la conservación de la biodiversidad y la adaptación a los efectos climáticos, España implementa políticas ambiciosas que no solo contribuyen a los objetivos europeos, sino que también mejoran la calidad de vida y la resiliencia de sus comunidades frente a los desafíos ambientales actuales y futuros.

Colaboración Internacional y Local

La cooperación es esencial para abordar los desafíos ambientales globales, que afectan a todas las regiones del planeta sin distinción de fronteras. La colaboración entre países, gobiernos locales y ciudadanos desempeña un papel fundamental en la implementación de políticas efectivas que logren mitigar los efectos del cambio climático, proteger la biodiversidad y promover un desarrollo sostenible. Esta sección detalla las distintas formas de colaboración que son fundamentales para enfrentar estos desafíos ambientales.

Cooperación entre Países

La colaboración internacional es crucial para compartir conocimientos, tecnologías y recursos que permitan la creación de políticas ambientales efectivas. En el ámbito de la política ambiental, los países cooperan para coordinar sus esfuerzos en el marco de acuerdos globales y alianzas estratégicas:

- **Transferencia de Tecnología y Conocimientos**: La colaboración permite que los países con mayores avances tecnológicos compartan conocimientos y tecnologías limpias con naciones en desarrollo. Estas tecnologías pueden incluir energía renovable, técnicas de gestión de residuos y sistemas de agricultura sostenible, que ayudan a reducir las emisiones y mejorar la eficiencia de los recursos.

- **Investigación y Desarrollo en Energías Limpias**: La cooperación internacional facilita la creación y financiación conjunta de proyectos de investigación para desarrollar nuevas tecnologías limpias, como sistemas de almacenamiento de energía, captura de carbono y fuentes de energía alternativa. Estos esfuerzos conjuntos permiten que los países avancen en innovación y encuentren soluciones sostenibles para sus necesidades energéticas.

- **Alianzas Estratégicas para la Conservación de Ecosistemas Globales**: Ecosistemas como el Amazonas, los océanos y las regiones polares tienen un impacto global. Por ello, varios países colaboran en programas de conservación y monitoreo de estos entornos, para proteger su biodiversidad y su papel en la regulación climática. Iniciativas como la Alianza para la Conservación de los Océanos permiten a los países costeros y las organizaciones internacionales trabajar juntos para proteger los ecosistemas marinos.

- **Establecimiento de Normas y Estándares Ambientales Globales**: A través de acuerdos como el Protocolo de Kioto, el Acuerdo de París y la Convención sobre la Diversidad Biológica, los países establecen objetivos comunes de reducción de emisiones, protección de la biodiversidad y conservación de los recursos naturales. Estos acuerdos globales permiten crear estándares y directrices compartidas, asegurando que todos los países asuman la responsabilidad de proteger el medio ambiente.

La cooperación entre países fortalece la capacidad de respuesta global frente a los desafíos ambientales y permite que las naciones trabajen juntas para alcanzar los objetivos de sostenibilidad.

Colaboración entre Gobiernos Regionales y Locales

Los gobiernos regionales y locales desempeñan un papel clave en la aplicación de políticas ambientales y en la adaptación de estas a las necesidades específicas de sus comunidades. Esta colaboración permite que las políticas se implementen de manera más efectiva y que se logre un impacto directo en la calidad de vida de los ciudadanos:

- **Gestión Sostenible de Residuos y Reciclaje**: Los gobiernos locales son responsables de la gestión de residuos en sus comunidades. La colaboración entre gobiernos municipales y regionales facilita la creación de sistemas de reciclaje eficientes, la implementación de campañas de reducción de residuos y la adopción de prácticas de economía circular, como el compostaje y la reutilización de materiales.

- **Promoción de la Movilidad Sostenible y el Transporte Público**: Los gobiernos locales pueden implementar políticas de transporte sostenible mediante la mejora de los sistemas de transporte público, la construcción de carriles para bicicletas y la promoción de vehículos eléctricos. La colaboración entre ciudades y regiones permite que se compartan mejores prácticas y que se implementen soluciones sostenibles adaptadas a las características de cada área.

- **Protección de Áreas Naturales y Zonas Verdes Urbanas**: Los gobiernos locales juegan un rol fundamental en la creación y protección de parques, reservas y zonas verdes. Estos espacios no solo contribuyen a la biodiversidad, sino que también ofrecen beneficios a la salud y el bienestar de la población. La colaboración entre distintos niveles de gobierno facilita la financiación y la gestión de estas áreas.

- **Resiliencia Frente a Desastres Naturales y Adaptación al Cambio Climático**: Los gobiernos locales son los primeros en responder a los efectos de fenómenos climáticos extremos, como inundaciones, olas de calor y sequías. La colaboración con gobiernos regionales y nacionales permite implementar programas de resiliencia y adaptación que protejan a las comunidades vulnerables y fortalezcan la infraestructura local.

La colaboración entre los distintos niveles de gobierno asegura que las políticas ambientales se apliquen de manera eficiente y que se adapten a las necesidades y características de cada comunidad.

Fomento de la Participación Ciudadana y la Transparencia

La participación ciudadana es clave para que las políticas ambientales respondan a las necesidades y expectativas de la población, y para asegurar la efectividad y legitimidad de las decisiones gubernamentales. Los gobiernos pueden promover la transparencia y la participación a través de:

- **Consultas Públicas y Espacios de Participación**: Los gobiernos organizan consultas públicas y foros en los que los ciudadanos pueden expresar sus opiniones sobre las políticas ambientales y proponer soluciones. Estos espacios permiten que las comunidades participen en la toma de decisiones, promoviendo un enfoque inclusivo y participativo en la creación de políticas.

- **Educación y Concienciación Ambiental**: La sensibilización y la educación son fundamentales para fomentar un comportamiento ambiental responsable en la población. Mediante campañas de educación ambiental en escuelas, medios de comunicación y redes sociales, los gobiernos promueven la conciencia sobre la importancia de la sostenibilidad, la economía circular y la reducción de residuos.

- **Transparencia en la Gestión Ambiental**: La transparencia es fundamental para asegurar que las políticas ambientales sean responsables y confiables. Los gobiernos pueden ofrecer acceso a la información ambiental mediante portales web, informes públicos y datos abiertos sobre temas como la calidad del aire, el consumo de energía y los avances en la reducción de emisiones.

- **Programas de Voluntariado y Participación en Proyectos de Conservación**: Los programas de voluntariado en áreas protegidas, la limpieza de playas y ríos, y las actividades de reforestación son algunas de las maneras en que los ciudadanos pueden involucrarse activamente en la protección ambiental. Estos programas fomentan el compromiso de la población y fortalecen la relación entre la comunidad y el medio ambiente.

La participación ciudadana y la transparencia no solo fortalecen la legitimidad de las políticas ambientales, sino que también contribuyen a crear una sociedad más consciente y comprometida con la sostenibilidad.

Asistencia y Financiamiento para Países en Desarrollo

Los países en desarrollo enfrentan desafíos significativos en la implementación de políticas ambientales debido a limitaciones económicas y tecnológicas. Los países desarrollados tienen la responsabilidad de brindar apoyo a través de asistencia y financiamiento climático, que faciliten la adopción de políticas de sostenibilidad y adaptación al cambio climático:

- **Financiación Climática para Mitigación y Adaptación**: Los fondos internacionales, como el Fondo Verde para el Clima, proporcionan recursos para que los países en desarrollo puedan reducir sus emisiones de gases de efecto invernadero y adaptarse a los efectos del cambio climático. Estos fondos financian proyectos de energía renovable, reforestación, infraestructura resistente al clima y otras iniciativas sostenibles.

- **Transferencia de Tecnología y Conocimientos**: La transferencia de tecnología es esencial para ayudar a los países en desarrollo a implementar soluciones sostenibles. La colaboración internacional facilita el acceso a tecnologías avanzadas, como energías renovables, técnicas de gestión de agua y sistemas de agricultura sostenible, que permiten a estos países reducir sus emisiones y mejorar su resiliencia.

- **Capacitación y Asistencia Técnica**: La cooperación incluye la capacitación de profesionales locales en áreas como la gestión de residuos, la eficiencia energética y la conservación de la biodiversidad. Esta asistencia técnica ayuda a construir capacidades en los países en desarrollo y fortalece su habilidad para implementar políticas ambientales efectivas.

- **Desarrollo de Infraestructura Verde y Sostenible**: Los países desarrollados pueden proporcionar financiamiento y apoyo técnico para la construcción de infraestructuras sostenibles en los países en desarrollo, como sistemas de transporte público, redes eléctricas inteligentes y plantas de tratamiento de aguas. Estas infraestructuras permiten una transición hacia una economía más sostenible y baja en carbono.

- **Apoyo a la Adaptación de Comunidades Vulnerables**: Las comunidades más vulnerables al cambio climático, como las zonas costeras, regiones áridas y áreas de alta biodiversidad, requieren apoyo adicional para adaptarse a los cambios climáticos. La cooperación internacional facilita la implementación de proyectos de adaptación que protegen los medios de vida, la biodiversidad y la infraestructura en estas comunidades.

La asistencia y el financiamiento climático son esenciales para que los países en desarrollo puedan cumplir con sus compromisos ambientales y enfrentar los efectos del cambio climático de manera efectiva.

La colaboración entre los distintos niveles de gobierno y la cooperación internacional son fundamentales para enfrentar los desafíos ambientales globales y locales. Desde la transferencia de tecnología y la financiación climática para países en desarrollo hasta la participación ciudadana y la coordinación de políticas regionales y locales, la colaboración permite una respuesta más eficaz y equitativa frente a la crisis climática y ambiental. Estas alianzas fortalecen la resiliencia de las comunidades, mejoran la calidad de vida y promueven un futuro sostenible y equitativo para todos.

SOSTENIBILIDAD EN LA VIDA DIARIA

La sostenibilidad en la vida diaria es una de las formas más efectivas en que todos podemos contribuir a la protección del planeta. Adoptar prácticas sostenibles en nuestra rutina diaria no solo ayuda a reducir nuestra huella de carbono, sino que también promueve una cultura de respeto por el medio ambiente. Este capítulo explora diferentes áreas en las que cada persona puede tomar acciones concretas para vivir de forma más sostenible.

Movilidad Sostenible

El transporte es uno de los sectores que más contribuye a las emisiones de gases de efecto invernadero y a la contaminación del aire. Adoptar prácticas de movilidad sostenible no solo ayuda a reducir las emisiones y a proteger el medio ambiente, sino que también mejora la calidad de vida en nuestras ciudades. Existen diferentes opciones de movilidad sostenible que pueden adaptarse a las necesidades de cada persona y que ofrecen una forma más responsable de desplazarse. A continuación, se exploran algunas de las principales opciones de movilidad sostenible.

Uso del Transporte Público

El transporte público es una de las alternativas más efectivas para reducir el impacto ambiental del transporte. Optar por autobuses, trenes, metros y tranvías en lugar de vehículos privados reduce las emisiones de CO_2 y contribuye a una movilidad más sostenible y accesible:

- **Reducción de Emisiones por Persona**: El transporte público permite transportar a un mayor número de personas en menos vehículos, lo cual disminuye significativamente las emisiones por pasajero. Un autobús o un tren que transporta a docenas de personas emite menos CO_2 por persona en comparación con el mismo número de personas desplazándose en coches individuales.

- **Disminución de la Congestión en las Ciudades**: Al reducir el número de coches en la carretera, el transporte público ayuda a disminuir la congestión urbana, mejorando el flujo de tráfico y reduciendo el tiempo que los vehículos permanecen en la carretera. Esto no solo beneficia al medio ambiente, sino que también mejora la calidad de vida de los ciudadanos.

- **Ahorro de Energía y Reducción de la Dependencia de Combustibles Fósiles**: Los sistemas de transporte público pueden funcionar con energía eléctrica y fuentes renovables, disminuyendo la dependencia de combustibles fósiles. Cada vez más ciudades están implementando autobuses eléctricos y trenes alimentados por energía verde para hacer el transporte público aún más sostenible.

- **Accesibilidad y Beneficios Económicos**: El transporte público es una opción más accesible y económica para muchas personas, permitiendo que ciudadanos de distintos niveles socioeconómicos puedan desplazarse sin necesidad de vehículo privado. Además, al ser un servicio público, contribuye a una movilidad más equitativa y justa.

El transporte público representa una opción de movilidad sostenible, y su fortalecimiento mediante inversiones en infraestructura y calidad de servicio es clave para fomentar su uso.

Ciclismo y Caminata como Opciones Sostenibles

El ciclismo y la caminata son medios de transporte completamente libres de emisiones y ofrecen múltiples beneficios tanto para el medio ambiente como para la salud de las personas. Estas opciones son especialmente prácticas en distancias cortas y en entornos urbanos.

- **Movilidad de Cero Emisiones**: La bicicleta y caminar son formas de movilidad que no generan emisiones de CO_2, por lo que son las opciones más limpias desde el punto de vista ambiental. Reducen la contaminación del aire y ayudan a mitigar los efectos del cambio climático.

- **Beneficios para la Salud**: Andar en bicicleta y caminar mejoran la condición física y mental, y ayudan a reducir el riesgo de enfermedades cardiovasculares, obesidad y estrés. Al integrar estas prácticas en la rutina diaria, las personas pueden mejorar su bienestar y reducir el sedentarismo.

- **Infraestructuras para el Fomento del Ciclismo**: Muchas ciudades están invirtiendo en la creación de ciclovías, carriles bici y sistemas de bicicletas compartidas, lo cual facilita el uso de la bicicleta como medio de transporte seguro y eficiente. Las bicicletas compartidas son una opción económica y accesible que permite a más personas optar por este medio de transporte.

- **Reducción de la Congestión Vehicular y del Ruido Urbano**: El uso de bicicletas y la caminata disminuyen el número de vehículos en la carretera, lo que ayuda a reducir la congestión y los niveles de ruido en las ciudades. Esto contribuye a crear entornos urbanos más tranquilos y habitables.

Fomentar el uso de la bicicleta y la caminata en trayectos cortos es fundamental para lograr una movilidad urbana sostenible y promover estilos de vida saludables.

Uso de Coches Eléctricos e Híbridos

Los coches eléctricos e híbridos son alternativas más sostenibles a los vehículos tradicionales de gasolina o diésel, ya que producen menos emisiones y pueden funcionar con energía renovable.

- **Reducción de Emisiones de Gases Contaminantes**: Los coches eléctricos no emiten gases de efecto invernadero mientras están en funcionamiento, y los coches híbridos generan menos emisiones que los vehículos de combustión tradicionales. Esto contribuye a mejorar la calidad del aire, especialmente en áreas urbanas densamente pobladas.

- **Carga con Energía Renovable**: Los coches eléctricos pueden cargarse con electricidad generada a partir de fuentes renovables, como la energía solar o eólica. Esto reduce la huella de carbono del vehículo y disminuye la dependencia de los combustibles fósiles.

- **Menor Contaminación Acústica**: Los coches eléctricos son considerablemente más silenciosos que los vehículos de combustión interna, lo que ayuda a reducir la contaminación acústica en las ciudades y mejora el bienestar de los habitantes.

- **Incentivos y Beneficios para los Usuarios de Vehículos Sostenibles**: En muchos países, los gobiernos ofrecen incentivos fiscales y otros beneficios para fomentar la compra de coches eléctricos e híbridos, como la exención de peajes, la reducción de impuestos y la creación de zonas de estacionamicnto exclusivas.

El cambio hacia coches eléctricos e híbridos es una opción importante para quienes necesitan un vehículo privado, y su adopción contribuye significativamente a la reducción de las emisiones del sector del transporte.

Fomento del Carpooling y la Movilidad Compartida

El carpooling y la movilidad compartida son alternativas que permiten que varias personas compartan un mismo vehículo, lo cual reduce la cantidad de coches en la carretera y, por ende, las emisiones de carbono. Estas opciones son prácticas y económicas, especialmente para aquellos que necesitan desplazarse en coche.

- **Reducción de Emisiones y Descongestión del Tráfico**: Al compartir coche, se reduce el número de vehículos en la carretera, lo cual disminuye las emisiones por persona y ayuda a descongestionar el tráfico en las ciudades. Esto es especialmente útil en áreas urbanas con alta densidad de población y tráfico elevado.

- **Ahorro Económico para los Usuarios**: El carpooling permite dividir los costos del combustible y del mantenimiento del vehículo entre los pasajeros, lo cual hace que el transporte sea más accesible y económico. Además, plataformas de carpooling facilitan la coordinación de viajes compartidos entre personas que tienen destinos similares.

- **Fomento de una Cultura de Movilidad Sostenible**: Al utilizar el carpooling y otros sistemas de movilidad compartida, los usuarios se suman a una cultura de transporte más sostenible, que prioriza el uso eficiente de los recursos y promueve una menor dependencia del vehículo privado.

- **Servicios de Transporte Compartido y Tecnología de Movilidad**: Las aplicaciones móviles y plataformas digitales han hecho que la movilidad compartida sea más accesible y práctica. Empresas de transporte compartido, como carsharing o ridesharing, ofrecen soluciones de movilidad bajo demanda, reduciendo la necesidad de poseer un vehículo.

El fomento del carpooling y la movilidad compartida permite optimizar el uso de los vehículos y contribuir a un transporte más eficiente y sostenible.

Teletrabajo como Alternativa para Reducir Desplazamientos

El teletrabajo, cuando es viable, es una opción efectiva para reducir la necesidad de desplazarse diariamente. Trabajar desde casa ofrece múltiples beneficios ambientales y personales, especialmente en el contexto de las empresas y el sector laboral.

- **Reducción de la Huella de Carbono en el Transporte**: Al eliminar la necesidad de desplazarse al lugar de trabajo, el teletrabajo reduce la cantidad de vehículos en las carreteras y, en consecuencia, las emisiones de CO_2 asociadas al transporte. Esto tiene un impacto positivo en la calidad del aire y en la reducción del consumo de combustibles fósiles.

- **Ahorro de Tiempo y Mejora de la Calidad de Vida**: Al reducir los desplazamientos, el teletrabajo permite a los empleados ahorrar tiempo y mejorar su calidad de vida. Esto reduce el estrés asociado a los viajes diarios y puede aumentar la satisfacción y el bienestar de los trabajadores.

- **Disminución de la Congestión en el Transporte Público y Carreteras**: El teletrabajo ayuda a descongestionar los sistemas de transporte público y las carreteras, especialmente en horas punta. Esto permite que quienes necesitan desplazarse lo hagan de forma más rápida y eficiente, reduciendo también el desgaste de las infraestructuras.

- **Adaptación a Modelos de Trabajo Flexibles y Eficientes**: Muchas empresas están adoptando modelos de trabajo híbridos que permiten combinar el teletrabajo con la asistencia presencial. Esto no solo mejora la sostenibilidad, sino que también permite una mayor flexibilidad laboral y eficiencia en la gestión de recursos.

El teletrabajo representa una alternativa sostenible para reducir el impacto ambiental del transporte y mejorar la calidad de vida de los empleados.

La movilidad sostenible ofrece múltiples opciones que cada persona puede adaptar a su estilo de vida y a sus necesidades. Desde el uso del transporte público y la bicicleta hasta la movilidad compartida y el teletrabajo, cada alternativa contribuye a reducir las emisiones de gases de efecto invernadero y a mejorar la calidad del aire en nuestras ciudades. Adoptar prácticas de movilidad sostenible no solo tiene un impacto positivo en el medio ambiente, sino que también contribuye al bienestar y la salud de las personas.

Consumo Responsable

El consumo responsable implica adoptar hábitos de compra y uso de productos que minimicen el impacto ambiental y fomenten una economía circular. Reducir, reutilizar y reciclar son los tres principios que permiten a cada persona tomar decisiones más sostenibles, optimizando el uso de los recursos y disminuyendo la generación de residuos. Este enfoque de consumo ayuda a reducir nuestra huella ecológica y promueve una relación más respetuosa con el entorno. A continuación, se describen algunas prácticas clave para adoptar un consumo responsable.

Reducir el Consumo de Plásticos y Productos de Un Solo Uso

El uso de plásticos y productos de un solo uso es uno de los principales problemas ambientales, ya que estos materiales suelen tardar cientos de años en descomponerse. Reducir el consumo de estos productos es fundamental para proteger los ecosistemas y disminuir la cantidad de residuos.

- **Optar por Productos Reutilizables**: Cambiar productos de un solo uso por alternativas reutilizables, como botellas de acero inoxidable, bolsas de tela y envases de vidrio, ayuda a reducir la cantidad de plásticos que terminan en vertederos y océanos. Estos productos, además de ser más sostenibles, suelen ser más duraderos y económicos a largo plazo.

- **Compra de Productos con Envases Mínimos y Reciclables**: Al elegir productos que vienen en envases mínimos o materiales reciclables, como cartón o vidrio, se reduce la demanda de plásticos y materiales de un solo uso. Optar por marcas que prioricen envases sostenibles contribuye a fomentar prácticas empresariales responsables.

- **Evitar Plásticos de Un Solo Uso**: Siempre que sea posible, es recomendable evitar productos de un solo uso, como cubiertos, pajitas, platos desechables y envoltorios plásticos. Estas pequeñas acciones diarias ayudan a reducir significativamente la cantidad de residuos y a fomentar una cultura de consumo consciente.

- **Compra a Granel y Uso de Envases Propios**: Comprar alimentos y otros productos a granel permite reducir el uso de envases plásticos. Al llevar envases propios al hacer compras a granel, se minimiza el uso de bolsas y empaques desechables, promoviendo un consumo más responsable.

Reducir el consumo de plásticos y productos de un solo uso no solo disminuye los residuos, sino que también ayuda a proteger la biodiversidad y a reducir la contaminación de los ecosistemas naturales.

Compra de Productos Locales y de Temporada

Comprar productos locales y de temporada es una práctica que reduce la huella de carbono y apoya la economía local. Los alimentos y productos de temporada suelen requerir menos energía para su producción y transporte, lo que los hace más sostenibles.

- **Reducción de la Huella de Carbono**: Los productos locales y de temporada requieren menos transporte y almacenamiento prolongado, lo que reduce la huella de carbono asociada a su distribución. Los alimentos que viajan largas distancias requieren energía adicional para su conservación, lo que incrementa las emisiones de CO_2.

- **Apoyo a los Productores Locales**: Comprar productos locales fortalece la economía de la comunidad y fomenta una cadena de suministro más sostenible y resiliente. Apoyar a los agricultores y productores locales contribuye a la creación de empleo y reduce la dependencia de alimentos importados.

- **Alimentos Más Frescos y Nutritivos**: Los productos de temporada y locales suelen ser más frescos y conservan mejor sus propiedades nutricionales. Esto se debe a que no requieren conservantes ni tratamientos de almacenamiento prolongado, como ocurre con los alimentos fuera de temporada que deben ser transportados a largas distancias.

- **Menor Dependencia de Insumos Químicos**: Los alimentos de temporada suelen ser más resistentes a las condiciones climáticas del momento, lo que reduce la necesidad de pesticidas y fertilizantes adicionales. Esto es beneficioso tanto para la salud humana como para el medio ambiente.

Optar por productos locales y de temporada permite a los consumidores reducir su impacto ambiental y acceder a productos frescos y de mayor calidad, al tiempo que apoyan a sus comunidades.

Optar por Productos Duraderos y de Calidad

Invertir en productos de buena calidad y larga vida útil contribuye a reducir la necesidad de reemplazos frecuentes y a disminuir la generación de residuos. Esta práctica fomenta un consumo consciente y más responsable.

- **Reducción de Residuos a Largo Plazo**: Los productos de calidad suelen tener una vida útil prolongada, lo que disminuye la frecuencia con la que se desechan y reemplazan. Al optar por productos duraderos, se evita la generación de residuos y se reduce la demanda de nuevos recursos.

- **Ahorro Económico a Largo Plazo**: Aunque los productos de alta calidad pueden tener un costo inicial más elevado, a menudo resultan ser más económicos a largo plazo, ya que no requieren reemplazos frecuentes. Esto aplica a una amplia gama de productos, desde electrodomésticos hasta ropa y mobiliario.

- **Sostenibilidad en la Producción**: Muchas empresas que producen artículos de alta calidad también se enfocan en prácticas de producción sostenible, utilizando materiales de origen responsable y minimizando el impacto ambiental. Al elegir productos de empresas comprometidas con la sostenibilidad, se apoya una economía más responsable.

- **Fomento del Consumo Consciente**: Optar por productos duraderos ayuda a promover un cambio cultural hacia un consumo más consciente y menos orientado a la obsolescencia. En lugar de elegir productos desechables o de corta duración, esta práctica fomenta el valor de la durabilidad y la sostenibilidad.

Elegir productos de buena calidad y vida útil prolongada permite al consumidor reducir la cantidad de residuos y disfrutar de productos que requieren menos mantenimiento y reemplazo.

Fomento de la Reutilización de Materiales y Productos

La reutilización es un pilar fundamental de la economía circular, ya que extiende la vida útil de los productos y disminuye la demanda de nuevos recursos. Adoptar la reutilización en el día a día permite reducir significativamente la cantidad de residuos generados.

- **Compra de Ropa y Muebles de Segunda Mano**: La ropa y los muebles de segunda mano son opciones sostenibles que ayudan a reducir el impacto ambiental de la industria de la moda y del mobiliario. Al comprar productos de segunda mano, se evita el consumo de recursos para la fabricación de nuevos artículos.

- **Reparación de Productos y Electrodomésticos**: Reparar electrodomésticos y productos electrónicos en lugar de reemplazarlos contribuye a disminuir la generación de residuos electrónicos. Las tiendas de reparación y las guías en línea facilitan la restauración de productos dañados, prolongando su vida útil.

- **Donación de Objetos y Bienes No Utilizados**: En lugar de desechar objetos en buen estado, donarlos permite que otras personas puedan aprovecharlos. Esto incluye ropa, juguetes, muebles y otros artículos que pueden ser reutilizados por personas que los necesiten.

- **Reutilización de Envases y Materiales de Embalaje**: Los envases de vidrio, las bolsas de tela y los frascos reutilizables pueden emplearse para almacenar alimentos y otros productos. También se pueden reutilizar materiales de embalaje, como cajas de cartón y papel de burbuja, para reducir el consumo de materiales nuevos.

La reutilización extiende la vida útil de los productos y reduce la presión sobre los recursos naturales, fomentando una cultura de aprovechamiento y sostenibilidad.

Reciclaje y Separación de Residuos en Casa

El reciclaje es una práctica clave en el consumo responsable, ya que permite recuperar materiales y reducir la cantidad de residuos que terminan en los vertederos. Separar correctamente los residuos en casa facilita el proceso de reciclaje y contribuye a un manejo más sostenible de los desechos.

- **Separación de Materiales Reciclables**: Separar materiales como papel, vidrio, plásticos y metales permite que estos sean reciclados de manera efectiva. Es importante conocer las normas de reciclaje locales para asegurar que los materiales se gestionen correctamente y no se contaminen entre sí.

- **Conocimiento de los Símbolos de Reciclaje y Clasificación de Plásticos**: Familiarizarse con los símbolos de reciclaje y los diferentes tipos de plásticos facilita la correcta disposición de los desechos. Algunos plásticos, como el PET (polietileno tereftalato), son más fáciles de reciclar, mientras que otros, como el PVC, requieren un tratamiento especial.

- **Compostaje de Residuos Orgánicos**: El compostaje es una forma de reciclar los residuos orgánicos, como restos de alimentos y residuos de jardín, convirtiéndolos en abono natural. Esto reduce la cantidad de residuos que van a los vertederos y genera compost útil para la jardinería y la agricultura.

- **Reducción de Residuos Electrónicos**: Los residuos electrónicos contienen materiales que pueden ser reciclados y reutilizados, como metales y componentes plásticos. Es recomendable llevar estos residuos a puntos de reciclaje especializados o a tiendas que acepten dispositivos electrónicos para su gestión responsable.

El reciclaje y la separación de residuos permiten dar una segunda vida a los materiales, reducir la cantidad de basura en vertederos y fomentar una economía circular más eficiente.

El consumo responsable es una práctica fundamental para reducir nuestro impacto ambiental y vivir de manera más sostenible. Adoptar hábitos como la reducción de plásticos, la compra de productos locales, la elección de artículos duraderos, la reutilización y el reciclaje, no solo disminuye la cantidad de residuos generados, sino que también contribuye a una economía circular y a un uso más eficiente de los recursos naturales. Estos hábitos, aplicables en la vida diaria, permiten a cada persona asumir un rol activo en la protección del medio ambiente y en la promoción de un consumo más consciente y sostenible.

Eficiencia Energética en Casa y Trabajo

La eficiencia energética es fundamental para reducir el consumo de energía y las emisiones de gases de efecto invernadero, y ayuda a disminuir los costos en la factura de energía. Implementar prácticas de eficiencia en el hogar y en el entorno laboral permite un uso más racional de los recursos, contribuyendo al mismo tiempo a la protección del medio ambiente. A continuación, se detallan algunas de las principales estrategias para mejorar la eficiencia energética en nuestra vida diaria.

Uso de Iluminación LED y Dispositivos de Bajo Consumo

Optar por tecnologías eficientes en iluminación y electrodomésticos reduce el consumo de electricidad y promueve un entorno más sostenible.

- **Bombillas LED de Bajo Consumo**: Las bombillas LED consumen hasta un 80 % menos de energía que las bombillas incandescentes tradicionales y tienen una vida útil mucho más prolongada, lo que reduce tanto el consumo de energía como la frecuencia de reemplazo. Las bombillas LED también están disponibles en diferentes intensidades y colores, permitiendo ajustar la iluminación a las necesidades del espacio.

- **Electrodomésticos con Etiquetas de Eficiencia Energética**: Los electrodomésticos y dispositivos con etiquetas de eficiencia energética, como las clases A++ o A+++, consumen menos electricidad y agua. Optar por estos electrodomésticos reduce el impacto ambiental y permite ahorrar en el consumo de energía a largo plazo.

- **Automatización y Sensores de Luz**: La instalación de sensores de movimiento en áreas de paso o espacios de uso ocasional (como baños, pasillos y garajes) permite que las luces se enciendan solo cuando se necesitan y se apaguen automáticamente cuando no hay personas en la habitación. Esto ayuda a evitar el desperdicio de energía.

- **Lámparas Regulables y Temporizadores**: Las lámparas regulables permiten ajustar la intensidad de la luz en función de las necesidades, mientras que los temporizadores y cronómetros facilitan la programación de horarios para el apagado automático de luces y dispositivos, optimizando aún más el consumo energético.

Utilizar dispositivos de bajo consumo y tecnologías eficientes en iluminación es una de las maneras más efectivas de reducir el consumo eléctrico en el hogar y en el trabajo, sin sacrificar la comodidad.

Aprovechamiento de la Luz Natural y Aislamiento Térmico

El aprovechamiento de la luz natural y el aislamiento adecuado de los espacios son medidas simples y efectivas para reducir el uso de sistemas de calefacción, aire acondicionado y luces artificiales.

- **Uso de Luz Natural en el Hogar y Oficina**: Colocar estaciones de trabajo cerca de ventanas y aprovechar al máximo la luz solar durante el día disminuye la necesidad de iluminación artificial. Decorar con colores claros también ayuda a reflejar la luz natural, aumentando la luminosidad en los espacios interiores.

- **Ventilación Natural y Control de Corrientes de Aire**: La ventilación cruzada y la apertura de ventanas en momentos estratégicos permiten regular la temperatura en el hogar sin necesidad de aire acondicionado. El uso de cortinas o persianas también ayuda a controlar la entrada de calor en verano y a conservar la temperatura en invierno.

- **Aislamiento de Ventanas y Puertas**: Un buen aislamiento térmico en ventanas, puertas y paredes mantiene la temperatura en el hogar, reduciendo la necesidad de calefacción en invierno y de aire acondicionado en verano. Sellar fugas de aire y utilizar doble acristalamiento en las ventanas son medidas que pueden mejorar la eficiencia térmica del espacio.

- **Uso de Persianas y Cortinas Térmicas**: Las cortinas y persianas térmicas ayudan a mantener el calor en invierno y a bloquear la entrada de calor en verano, disminuyendo el uso de sistemas de climatización. Estas medidas también pueden mejorar la privacidad y reducir el ruido en el hogar o la oficina.

Aprovechar la luz natural y aislar adecuadamente los espacios es una forma práctica de reducir el consumo energético y de mantener una temperatura confortable durante todo el año.

Apagado de Dispositivos en Standby

Los dispositivos electrónicos que permanecen en modo standby (en espera) consumen energía constantemente, incluso cuando no están en uso. Esta energía "fantasma" representa un porcentaje significativo del consumo total en muchos hogares y oficinas.

- **Desconexión de Aparatos Electrónicos**: Desconectar dispositivos como televisores, ordenadores, microondas y cargadores cuando no están en uso evita el consumo de energía en standby. Es recomendable desenchufarlos o utilizar regletas de apagado automático que cortan el suministro eléctrico cuando no se necesitan.

- **Regletas Inteligentes y de Apagado Automático**: Las regletas inteligentes permiten programar el apagado de los dispositivos conectados o apagarlos de manera remota. También existen regletas de apagado automático que detectan cuando un dispositivo no está en uso y cortan el suministro eléctrico de forma autónoma.

- **Desactivación de Funciones Innecesarias en Dispositivos Electrónicos**: Muchos dispositivos incluyen funciones que se activan automáticamente en el modo standby, como actualizaciones de software o configuraciones de Wi-Fi. Ajustar las configuraciones de los dispositivos para que no consuman energía en espera ayuda a reducir el consumo eléctrico.

- **Uso de Temporizadores para Electrodomésticos**: Los temporizadores y cronómetros son útiles para limitar el tiempo de funcionamiento de ciertos dispositivos, como calentadores de agua y sistemas de ventilación, asegurando que solo se utilicen cuando realmente se necesitan.

Apagar o desconectar los dispositivos en modo standby es una medida simple pero efectiva para reducir el consumo energético en casa y en el trabajo, y ayuda a evitar el desperdicio de electricidad.

Uso Racional de la Calefacción y el Aire Acondicionado

El uso de sistemas de calefacción y aire acondicionado representa una de las mayores fuentes de consumo de energía en el hogar y en el entorno laboral. Regular su uso de forma eficiente ayuda a reducir el impacto ambiental y los costos de energía.

- **Temperaturas de Confort en invierno y Verano**: En invierno, se recomienda ajustar la calefacción a unos 20 °C y en verano el aire acondicionado a unos 24 °C. Estas temperaturas son suficientes para mantener el confort y evitar el consumo excesivo de energía. Cada grado adicional puede incrementar el consumo energético en un 7 %.

- **Uso de Termostatos Inteligentes**: Los termostatos programables y los termostatos inteligentes permiten regular la temperatura de forma automática en función de horarios o patrones de uso. Esto asegura que la calefacción y el aire acondicionado solo funcionen cuando es necesario, optimizando el consumo de energía.

- **Ventiladores y Sistemas de Circulación de Aire**: Los ventiladores son una opción eficiente y de bajo consumo para regular la temperatura en verano. Utilizar ventiladores de techo en combinación con el aire acondicionado permite distribuir el aire fresco y reducir la carga en el sistema de climatización.

- **Aislamiento Térmico y Control de Corrientes de Aire**: Como se mencionó anteriormente, el aislamiento térmico es fundamental para conservar la temperatura interior, evitando la pérdida de calor en invierno y el ingreso de calor en verano. Esto reduce la necesidad de utilizar la calefacción o el aire acondicionado en exceso.

El uso racional de la calefacción y el aire acondicionado no solo ayuda a ahorrar energía, sino que también mejora la comodidad en el hogar y en el lugar de trabajo.

Implementación de Energías Renovables

La instalación de sistemas de energía renovable, como paneles solares o sistemas de calefacción geotérmica, permite aprovechar fuentes de energía limpias y reducir la dependencia de los combustibles fósiles. Aunque la inversión inicial puede ser elevada, estos sistemas ofrecen un ahorro a largo plazo y contribuyen a la sostenibilidad.

- **Paneles Solares para Generación de Electricidad y Calefacción**: Los paneles solares fotovoltaicos y térmicos son una opción cada vez más accesible para generar electricidad y agua caliente en el hogar y en el trabajo. Estos sistemas aprovechan la energía solar, una fuente limpia y renovable, para cubrir una parte significativa de las necesidades energéticas.

- **Calefacción Geotérmica y Aerotérmica**: La calefacción geotérmica y aerotérmica son sistemas de climatización que aprovechan la energía del subsuelo o del aire para calentar o enfriar los espacios interiores. Estas tecnologías son altamente eficientes y pueden reducir considerablemente el consumo de energía.

- **Instalación de Turbinas Eólicas en Entornos Rurales**: En zonas rurales o espacios abiertos, las turbinas eólicas de pequeña escala permiten generar electricidad mediante el viento. Estas instalaciones son adecuadas para lugares donde las condiciones de viento son favorables y pueden complementar otras fuentes de energía renovable.

- **Beneficios Económicos y Ecológicos de las Energías Renovables**: Además del ahorro en la factura de electricidad, las energías renovables reducen las emisiones de CO_2 y la dependencia de combustibles fósiles, contribuyendo a la protección del medio ambiente. En muchos países, los gobiernos ofrecen incentivos y subsidios para facilitar la adopción de energías renovables en hogares y empresas.

La implementación de energías renovables es una inversión a largo plazo que permite a las personas reducir su impacto ambiental y contribuir a un sistema energético más sostenible.

La eficiencia energética es una estrategia accesible y práctica que cada persona puede adoptar en el hogar y en el trabajo para reducir el consumo de energía y las emisiones de gases de efecto invernadero. Desde el uso de dispositivos eficientes y la mejora del aislamiento hasta la adopción de energías renovables, cada acción contribuye a la sostenibilidad y permite ahorrar en el consumo de energía. Estas prácticas no solo protegen el medio ambiente, sino que también ofrecen beneficios económicos, promoviendo una vida más equilibrada y responsable.

Alimentación Sostenible

La alimentación es uno de los aspectos que más impacto tiene en el medio ambiente, desde el uso de recursos naturales hasta las emisiones de gases de efecto invernadero generadas en su producción. Adoptar una alimentación sostenible no solo ayuda a reducir nuestra huella ecológica, sino que también contribuye a la conservación de los ecosistemas y la biodiversidad. A continuación, se presentan algunos hábitos de alimentación que pueden hacer una gran diferencia en términos de sostenibilidad.

Reducción del Consumo de Carne y Productos de Origen Animal

La producción de carne y productos de origen animal es una de las principales fuentes de emisiones de gases de efecto invernadero y tiene un impacto significativo en los recursos naturales. Adoptar una dieta más basada en vegetales ayuda a reducir estas emisiones y a proteger los ecosistemas.

- **Impacto Ambiental de la Producción de Carne**: La ganadería es responsable de una gran parte de las emisiones de metano, un potente gas de efecto invernadero, debido a la digestión de los animales rumiantes. Además, la producción de carne suele requerir grandes extensiones de tierra, lo que contribuye a la deforestación, especialmente en regiones como la Amazonía, donde los bosques son destruidos para crear pastizales.

- **Beneficios de una Dieta con Más Alimentos Vegetales**: Optar por alimentos como legumbres, granos y vegetales en lugar de productos de origen animal no solo reduce las emisiones de carbono, sino que también disminuye la demanda de recursos naturales, como agua y tierra. Las dietas basadas en vegetales suelen tener una menor huella ecológica y pueden ser igual de nutritivas.

- **Alternativas Vegetales**: Hoy en día existen muchas opciones de proteínas vegetales, como el tofu, el tempeh y las legumbres, que son alternativas sostenibles a la carne. También se pueden encontrar productos elaborados a base de plantas que simulan la textura y el sabor de la carne, para quienes buscan opciones más ecológicas sin renunciar a sus alimentos favoritos.

- **Fomento del Consumo de Productos Lácteos y Cárnicos de Producción Responsable**: Cuando se consume carne o productos lácteos, optar por opciones de producción responsable, como carne de pastoreo o lácteos orgánicos, ayuda a reducir el impacto ambiental y apoya prácticas ganaderas más sostenibles.

Reducir el consumo de carne y productos de origen animal es una de las acciones más efectivas para disminuir la huella de carbono de nuestra alimentación y promover un uso más racional de los recursos.

Compra de Productos Ecológicos y de Agricultura Sostenible

Los productos ecológicos y de agricultura sostenible son cultivados sin pesticidas ni fertilizantes químicos, lo que contribuye a la salud del suelo, del agua y de los ecosistemas. Comprar estos productos apoya a los agricultores que promueven prácticas responsables y ayuda a proteger la biodiversidad.

- **Beneficios de los Alimentos Ecológicos**: Los alimentos ecológicos se producen sin el uso de sustancias químicas sintéticas, lo que reduce la contaminación del suelo y del agua. Al no emplear pesticidas, los productos ecológicos favorecen la biodiversidad y protegen a los polinizadores, como las abejas, que son esenciales para la producción de alimentos.

- **Apoyo a la Agricultura Sostenible y Regenerativa**: La agricultura sostenible y regenerativa se centra en mantener y mejorar la fertilidad del suelo, conservar el agua y proteger los ecosistemas locales. Al apoyar a los agricultores que utilizan estas prácticas, se contribuye a la creación de un sistema alimentario más resiliente y en armonía con el medio ambiente.

- **Certificaciones de Agricultura Ecológica y Sostenible**: En muchos países, los productos que cumplen con estándares ecológicos tienen certificaciones que garantizan que han sido cultivados de manera respetuosa con el medio ambiente. Optar por productos con estas certificaciones es una manera de apoyar la producción sostenible.

- **Aumento de la Demanda y Accesibilidad de los Productos Ecológicos**: A medida que más personas optan por productos ecológicos, la demanda aumenta, lo que facilita que estos productos sean más accesibles y disponibles. Esto también incentiva a otros agricultores a adoptar prácticas más sostenibles.

Comprar productos ecológicos y de agricultura sostenible no solo beneficia al medio ambiente, sino que también apoya a los agricultores locales y promueve un sistema alimentario más saludable y equilibrado.

Reducción del Desperdicio de Alimentos

El desperdicio de alimentos es uno de los principales problemas ambientales, ya que los alimentos desechados generan gases de efecto invernadero al descomponerse en los vertederos. Reducir el desperdicio de alimentos es una de las formas más efectivas de disminuir nuestra huella ecológica.

- **Planificación de Comidas**: Planificar las comidas y hacer una lista de compras ayuda a evitar comprar en exceso y a reducir el desperdicio de alimentos. Al tener una planificación clara, es menos probable que se compren alimentos innecesarios que puedan terminar caducando.

- **Almacenamiento y Conservación de Alimentos**: Almacenar adecuadamente los alimentos, utilizando métodos como la refrigeración, el congelado y el uso de envases herméticos, permite prolongar su frescura y evitar que se echen a perder. Esto también ayuda a aprovechar al máximo los alimentos y a reducir el desperdicio.

- **Aprovechamiento de las Sobras**: Las sobras pueden aprovecharse para crear nuevas recetas, evitando así el desperdicio. Por ejemplo, las verduras sobrantes pueden transformarse en sopas o guisos, mientras que el pan duro puede usarse para hacer tostadas o budines.

- **Compostaje de Residuos Orgánicos**: Cuando los alimentos no pueden aprovecharse, el compostaje es una alternativa sostenible para gestionar los residuos orgánicos. El compostaje transforma los restos de comida en abono natural, que puede utilizarse para enriquecer el suelo y reducir la cantidad de residuos que terminan en los vertederos.

Reducir el desperdicio de alimentos contribuye a disminuir la cantidad de residuos y a aprovechar mejor los recursos naturales invertidos en la producción de alimentos.

Uso de Productos con Menor Impacto Ambiental

Algunos productos alimenticios requieren grandes cantidades de agua y recursos para su producción. Optar por alimentos con menor impacto ambiental ayuda a conservar los recursos naturales y a reducir la huella ecológica de nuestra alimentación.

- **Optar por Alimentos de Temporada y Locales**: Los alimentos de temporada y locales suelen tener un menor impacto ambiental, ya que no requieren transporte a largas distancias ni almacenamiento prolongado. Estos alimentos suelen ser más frescos y nutritivos, y contribuyen a una economía local más sostenible.

- **Alimentos con Baja Huella Hídrica**: Algunos alimentos, como el arroz y los aguacates, tienen una alta huella hídrica, es decir, requieren grandes cantidades de agua para su producción. Optar por alimentos de menor huella hídrica, como las hortalizas y frutas de temporada, ayuda a conservar los recursos hídricos, especialmente en regiones afectadas por la sequía.

- **Minimizar el Consumo de Productos Procesados**: Los alimentos ultraprocesados suelen requerir una gran cantidad de energía y recursos para su elaboración y embalaje. Al optar por alimentos frescos y mínimamente procesados, se reduce el impacto ambiental asociado a su producción.

- **Evitar el Consumo de Alimentos Exóticos o Importados**: Los alimentos que requieren transporte internacional, como algunos productos exóticos, generan una mayor huella de carbono debido a las largas distancias que deben recorrer. Siempre que sea posible, es preferible consumir productos locales para minimizar el impacto ambiental.

Elegir alimentos de menor impacto ambiental contribuye a la sostenibilidad de los recursos naturales y promueve un consumo más consciente y respetuoso.

Cocina Consciente y Eficiente

La manera en que cocinamos también influye en nuestra huella ecológica. Adoptar prácticas de cocina eficiente y usar utensilios sostenibles ayuda a reducir el consumo de energía y a minimizar el impacto ambiental.

- **Uso de Ollas a Presión y Cocinas de Inducción**: Las ollas a presión permiten cocinar en menos tiempo, lo que reduce el consumo de energía. Las cocinas de inducción también son una alternativa eficiente, ya que calientan de manera más rápida y uniforme en comparación con las cocinas de gas o eléctricas convencionales.

- **Tapar las Ollas y Utensilios**: Tapar las ollas mientras cocinamos ayuda a conservar el calor y a reducir el tiempo de cocción. Esto permite un ahorro de energía considerable, especialmente cuando se preparan platos que requieren tiempos largos de cocción.

- **Uso de Utensilios de Cocina Sostenibles**: Optar por utensilios de cocina duraderos, como los de acero inoxidable, vidrio y madera, reduce la necesidad de reemplazarlos frecuentemente y evita la generación de residuos. Estos materiales son más resistentes y suelen tener un menor impacto ambiental.

- **Preparación de Recetas que Aprovechen al Máximo los Alimentos**: La cocina consciente implica utilizar todas las partes de los alimentos, como las cáscaras de vegetales para hacer caldos o las semillas para añadir a ensaladas. Esto minimiza el desperdicio y permite aprovechar al máximo los nutrientes.

Cocinar de manera eficiente no solo reduce el consumo de energía, sino que también permite disfrutar de alimentos más saludables y optimizar los recursos en el hogar.

Adoptar una alimentación sostenible es una manera efectiva de reducir nuestro impacto ambiental y contribuir a la conservación de los recursos naturales. Desde la reducción del consumo de carne y el apoyo a la agricultura ecológica hasta la minimización del desperdicio de alimentos y la elección de productos con menor impacto, cada acción cuenta. Además, la alimentación sostenible promueve una dieta más equilibrada y saludable, beneficiando tanto al medio ambiente como a nuestra salud.

Uso Responsable del Agua

El agua es uno de los recursos naturales más esenciales y finitos, y su consumo responsable es fundamental para garantizar su disponibilidad en el futuro. La crisis de agua afecta a muchas regiones del mundo, y con el cambio climático, la escasez de agua es una preocupación cada vez mayor. Adoptar prácticas de ahorro y gestión eficiente del agua en el hogar y en la comunidad es una forma efectiva de contribuir a la sostenibilidad. A continuación, se exploran diversas estrategias para usar el agua de manera responsable y reducir su desperdicio.

Reducción del Consumo de Agua en el Hogar

El hogar es uno de los principales lugares donde el consumo de agua puede ser optimizado. Adoptar pequeños cambios en nuestros hábitos cotidianos puede generar un gran impacto en el ahorro de agua.

- **Duchas Más Cortas y Eficientes**: Reducir el tiempo de las duchas ayuda a conservar una cantidad significativa de agua. Instalar cabezales de ducha de bajo flujo también permite disminuir el consumo de agua sin comprometer la calidad de la ducha.

- **Cerrar el Grifo al Lavarse los Dientes o en Tareas Cotidianas**: Cerrar el grifo mientras se cepillan los dientes, se lavan las manos o se friega la vajilla ayuda a ahorrar agua. Estos momentos representan litros de agua desperdiciados si el grifo permanece abierto innecesariamente.

- **Reparación de Fugas en Tuberías y Grifos**: Las fugas de agua pueden parecer insignificantes, pero representan una gran pérdida de agua con el tiempo. Arreglar grifos o tuberías que gotean es una medida simple y efectiva para evitar el desperdicio.

- **Uso de Inodoros de Bajo Consumo**: Los inodoros de bajo consumo de agua utilizan menos cantidad de agua en cada descarga. También existen sistemas de doble descarga, que permiten utilizar una cantidad mínima de agua para desechos líquidos y una mayor cantidad para desechos sólidos, optimizando el consumo de agua.

Reducir el consumo de agua en el hogar es una de las formas más accesibles y efectivas de preservar este recurso tan valioso y necesario.

Uso de Electrodomésticos Eficientes

Los electrodomésticos en el hogar, como las lavadoras y los lavavajillas, consumen grandes cantidades de agua y energía. Optar por modelos eficientes y utilizarlos de manera racional ayuda a reducir significativamente el consumo de agua.

- **Lavadoras y Lavavajillas de Bajo Consumo**: Los electrodomésticos de bajo consumo de agua y energía están diseñados para utilizar menos recursos en cada ciclo de lavado. Estos modelos no solo ayudan a conservar el agua, sino que también reducen el consumo energético, beneficiando al medio ambiente y ahorrando en la factura de electricidad y agua.

- **Uso Eficiente de los Electrodomésticos**: Es recomendable usar lavadoras y lavavajillas solo cuando están completamente llenos, para maximizar la eficiencia de cada carga. Evitar ciclos adicionales y usar programas de lavado corto también ayuda a reducir el consumo de agua.

- **Lavado en Frío o a Baja Temperatura**: Muchos electrodomésticos tienen la opción de lavado en frío o a baja temperatura, lo cual permite reducir el consumo de energía. Este ajuste, además de ser más sostenible, es beneficioso para prolongar la vida útil de las prendas.

- **Mantenimiento Regular de los Electrodomésticos**: Realizar un mantenimiento adecuado, como limpiar filtros y revisar las conexiones, asegura que los electrodomésticos funcionen de manera eficiente y evita el desperdicio de agua causado por obstrucciones o problemas mecánicos.

Los electrodomésticos eficientes y un uso racional de los mismos permiten reducir considerablemente el consumo de agua y contribuyen a un hogar más sostenible.

Reutilización de Agua en el Hogar

La reutilización de agua es una medida práctica y sostenible que permite aprovechar al máximo este recurso. Existen varias maneras de reutilizar el agua en el hogar, especialmente en tareas de limpieza y riego.

- **Recolección de Agua de Lluvia para Riego**: Recoger agua de lluvia en contenedores es una forma natural y gratuita de disponer de agua para el riego de jardines, plantas y huertos. Esta práctica es especialmente útil en épocas de sequía y reduce la dependencia de agua potable para tareas de jardinería.

- **Uso de Agua de Lavadoras para Limpieza Exterior**: El agua que se utiliza en el ciclo de lavado de la lavadora puede reutilizarse para limpiar exteriores, como patios, entradas o terrazas. Es importante asegurarse de que el agua no contenga productos químicos fuertes o tóxicos.

- **Reutilización del Agua de Cocción para Riego**: El agua sobrante de la cocción de verduras o pasta puede enfriarse y utilizarse para regar plantas, siempre que no contenga sal u otros aditivos. Este tipo de agua contiene nutrientes que son beneficiosos para el crecimiento de las plantas.

- **Recolección de Agua de Ducha**: Durante el tiempo en que el agua se calienta al inicio de la ducha, se pueden colocar recipientes para recolectar esa agua y reutilizarla en otras tareas, como la limpieza del hogar o el riego de plantas.

La reutilización de agua en el hogar es una medida sencilla y eficaz para aprovechar este recurso y reducir la demanda de agua potable.

Riego Sostenible y Plantas de Bajo Consumo Hídrico

El riego es una de las actividades que consume grandes cantidades de agua, especialmente en jardines y huertos. Adoptar técnicas de riego eficiente y elegir plantas adecuadas ayuda a conservar el agua y mantener los espacios verdes de forma responsable.

- **Riego por Goteo y Sistemas de Riego Automatizados**: El riego por goteo es un método que permite suministrar agua directamente a la raíz de las plantas, evitando el desperdicio y optimizando el consumo. Los sistemas de riego automatizados pueden programarse para funcionar en horarios específicos, evitando el riego excesivo o en momentos de alta evaporación.

- **Elección de Plantas Nativas y Resistentes a la Sequía**: Las plantas nativas y las especies resistentes a la sequía están adaptadas al clima local y requieren menos agua para crecer. Estas plantas son ideales para jardines sostenibles, ya que necesitan menos riego y son más resistentes a las condiciones climáticas extremas.

- **Uso de Mulch o Acolchado para Conservar la Humedad**: Aplicar una capa de mulch o acolchado en el suelo alrededor de las plantas ayuda a retener la humedad, reducir la evaporación y proteger las raíces. Esta práctica reduce la necesidad de riego y mejora la salud del suelo.

- **Riego en Horas de Baja Evaporación**: Regar temprano en la mañana o al anochecer minimiza la evaporación y permite que las plantas absorban más agua. Este hábito es especialmente importante en épocas de calor, cuando la pérdida de agua por evaporación es mayor.

Un riego sostenible y una elección adecuada de plantas permiten conservar el agua y mantener jardines saludables, incluso en condiciones de escasez de recursos hídricos.

Concienciación sobre el Consumo de Agua Virtual

El agua virtual es el agua utilizada en la producción de bienes y alimentos que consumimos, desde productos alimenticios hasta ropa. Ser consciente del consumo de agua virtual y reducir la demanda de productos con alta huella hídrica es una forma indirecta de conservar el agua.

- **Reducción del Consumo de Productos de Alta Huella Hídrica**: Algunos productos, como la carne, el café y el algodón, requieren grandes cantidades de agua para su producción. Optar por alternativas con menor huella hídrica, como alimentos vegetales, o elegir textiles de materiales sostenibles ayuda a reducir el impacto en los recursos hídricos.

- **Compra Responsable de Ropa y Productos Textiles**: La industria textil es una de las más intensivas en consumo de agua. Reducir la compra de ropa nueva, optar por prendas de segunda mano y elegir materiales sostenibles (como el lino o el cáñamo) contribuye a un consumo de agua más responsable.

- **Ahorro de Agua en la Producción Alimentaria**: Al optar por una alimentación más basada en vegetales, se reduce el consumo de agua virtual asociado a la producción de alimentos. Los productos de origen animal suelen requerir más agua que los alimentos vegetales, por lo que una dieta equilibrada en vegetales también contribuye a la sostenibilidad del agua.

- **Consumo Consciente y Local**: Los productos locales suelen tener una menor huella de agua virtual, ya que no requieren transporte a largas distancias ni procesos de conservación. Consumir productos de proximidad reduce la demanda de agua y apoya la economía local.

Ser consciente del consumo de agua virtual permite reducir el impacto indirecto en los recursos hídricos y fomenta una relación más respetuosa con el agua.

El uso responsable del agua es fundamental para garantizar la sostenibilidad de este recurso esencial. Desde la reducción del consumo en el hogar y el uso de electrodomésticos eficientes hasta la reutilización del agua y la concienciación sobre el agua virtual, cada medida contribuye a la conservación de los recursos hídricos. Adoptar hábitos de ahorro y gestión eficiente del agua no solo es beneficioso para el medio ambiente, sino que también es una responsabilidad que compartimos para asegurar su disponibilidad para las generaciones futuras.

LA EMPRESA HACIA LA SOSTENIBILIDAD

La sostenibilidad es una prioridad creciente en el mundo empresarial. En lugar de limitarse a obtener beneficios económicos, cada vez más empresas están integrando prácticas sostenibles en sus operaciones y redefiniendo el concepto de éxito. Esta transformación implica adoptar un enfoque de triple impacto que considere el bienestar ambiental, social y económico. A continuación, se detallan las principales áreas en las que las empresas pueden trabajar para liderar el cambio hacia un modelo de negocio sostenible.

Redefinir el Éxito Empresarial en Términos de Sostenibilidad

El concepto de éxito empresarial ha evolucionado para incorporar la sostenibilidad como uno de sus pilares fundamentales. Más allá de los beneficios financieros, las empresas están reconociendo que su impacto ambiental y social es crucial para su sostenibilidad a largo plazo. Integrar la sostenibilidad en los objetivos empresariales permite a las empresas crear un cambio positivo en el mundo, generando valor para todos sus grupos de interés. A continuación, se detallan los elementos clave para redefinir el éxito empresarial en términos de sostenibilidad.

Triple Impacto: Ambiental, Social y Económico

El triple impacto se refiere a la integración de los objetivos ambientales, sociales y económicos en las operaciones empresariales, reconociendo que el éxito debe beneficiar no solo a los accionistas, sino también a las comunidades y al planeta.

- **Impacto Ambiental: Protección de los Recursos Naturales**: Las empresas sostenibles implementan prácticas que reducen el consumo de recursos naturales, minimizan las emisiones de carbono y promueven la biodiversidad. Por ejemplo, la reducción de la huella de carbono y la eficiencia energética son objetivos clave para las empresas comprometidas con el impacto ambiental positivo.

- **Impacto Social: Compromiso con el Bienestar de la Comunidad**: El impacto social implica que las empresas mejoren la calidad de vida de sus empleados y comunidades. Esto incluye prácticas como condiciones laborales justas, diversidad e inclusión, y programas de desarrollo comunitario que beneficien a las áreas en las que operan.

- **Impacto Económico: Rentabilidad con Responsabilidad**: La rentabilidad sigue siendo fundamental, pero con la sostenibilidad, las empresas buscan lograr ganancias que estén alineadas con su responsabilidad ambiental y social. Esto implica adoptar modelos de negocio sostenibles que generen beneficios a largo plazo sin comprometer los recursos futuros.

El triple impacto permite que las empresas generen valor en múltiples niveles y aseguren un crecimiento sostenible que beneficia a todos los actores involucrados.

Valoración de los Recursos Naturales como Activos

Las empresas que valoran los recursos naturales reconocen que estos son activos esenciales y limitados. La protección y el uso racional de los recursos naturales no solo benefician al medio ambiente, sino que también refuerzan la sostenibilidad de la empresa a largo plazo.

- **Reducción del Desperdicio y Economía Circular**: Las empresas sostenibles implementan modelos de economía circular para reducir el desperdicio de materiales y recursos. Esto implica adoptar prácticas de reciclaje, reutilización de materiales y rediseño de productos para minimizar los residuos y prolongar la vida útil de los recursos.

- **Optimización del Uso del Agua y la Energía**: El agua y la energía son recursos finitos que deben gestionarse de manera eficiente. Las empresas pueden implementar medidas como el reciclaje de agua, el uso de energías renovables y la eficiencia energética en sus instalaciones para reducir su impacto ambiental y reducir costos operativos.

- **Protección de la Biodiversidad y Conservación de Ecosistemas**: La preservación de la biodiversidad y los ecosistemas es fundamental para la sostenibilidad. Las empresas pueden colaborar con proyectos de reforestación, conservación de hábitats naturales y recuperación de especies en peligro como parte de su compromiso con el medio ambiente.

- **Inversión en Tecnología para la Eficiencia de Recursos**: La tecnología juega un papel crucial en la optimización del uso de los recursos. Las empresas pueden invertir en tecnologías de precisión, como el monitoreo de consumo de agua y energía, para mejorar la eficiencia y reducir el impacto ambiental.

Valorar los recursos naturales como activos permite a las empresas proteger el entorno natural en el que operan y asegurar su disponibilidad para el futuro.

Innovación como Motor de la Sostenibilidad

La sostenibilidad no solo es una responsabilidad, sino también una oportunidad para innovar. Las empresas que integran la sostenibilidad en sus estrategias impulsan la creatividad y el desarrollo de soluciones que minimizan su impacto ambiental y mejoran su competitividad.

- **Diseño de Productos Sostenibles y Reciclables**: La innovación en el diseño de productos permite a las empresas crear productos sostenibles y reciclables, reduciendo su impacto ambiental desde la fase de producción. Esto incluye el uso de materiales reciclados, biodegradables y la fabricación de productos que sean fácilmente reciclables al final de su vida útil.

- **Adopción de Tecnologías de Energía Limpia**: La inversión en energías renovables, como la energía solar y eólica, permite a las empresas reducir su dependencia de los combustibles fósiles y disminuir sus emisiones de gases de efecto invernadero. Además, el uso de tecnologías de almacenamiento de energía ayuda a gestionar la demanda energética de forma eficiente.

- **Implementación de Soluciones de Economía Circular**: La economía circular fomenta la creación de modelos de negocio que reutilizan los productos y materiales, prolongando su vida útil y reduciendo el desperdicio. Esto incluye el reciclaje de residuos de producción y la reutilización de materiales en otros procesos, optimizando los recursos y disminuyendo los residuos.

- **Uso de Tecnología para la Eficiencia de Procesos**: La innovación en la gestión de procesos, como el uso de inteligencia artificial para la optimización de la producción, permite reducir el consumo de energía y mejorar la eficiencia operativa. Esta tecnología permite a las empresas analizar y optimizar sus procesos en tiempo real, reduciendo el impacto ambiental.

La sostenibilidad impulsa la innovación y permite a las empresas adaptarse a un entorno de mercado en constante cambio, creando soluciones que beneficien tanto al negocio como al planeta.

Ética Empresarial y Transparencia

La ética empresarial y la transparencia son fundamentales para que las empresas ganen la confianza de sus grupos de interés y se mantengan responsables de sus prácticas sostenibles. La rendición de cuentas y una comunicación clara son esenciales en la era de la sostenibilidad.

- **Comunicación Transparente de los Objetivos Sostenibles**: Las empresas sostenibles comunican sus metas de sostenibilidad y los avances logrados de forma transparente. Esto permite a los consumidores, empleados y accionistas estar informados sobre los compromisos de la empresa y monitorear su progreso.

- **Rendición de Cuentas a través de Informes de Sostenibilidad**: Publicar informes de sostenibilidad permite a las empresas evaluar su desempeño ambiental y social y comunicar sus logros y desafíos. Los informes de sostenibilidad deben incluir datos específicos, como el consumo de energía, las emisiones de CO_2 y los proyectos de impacto social, para demostrar el compromiso con la sostenibilidad.

- **Fomento de una Cultura Ética y Responsable**: La ética empresarial comienza con una cultura organizacional que valore la sostenibilidad y la responsabilidad. Las empresas deben establecer códigos de conducta claros y ofrecer capacitación a sus empleados para fomentar una cultura de respeto y cuidado por el medio ambiente y la sociedad.

- **Alineación con los Principios de los Objetivos de Desarrollo Sostenible (ODS)**: Los ODS de la ONU proporcionan una guía para que las empresas adopten prácticas éticas y responsables. Las empresas pueden alinear sus objetivos con los ODS para demostrar su compromiso con temas globales como la igualdad de género, la reducción de la pobreza y la acción climática.

La ética y la transparencia en las prácticas empresariales fortalecen la credibilidad y la confianza, permitiendo a las empresas construir relaciones duraderas con sus grupos de interés y fomentar un mercado más justo y sostenible.

Redefinir el éxito empresarial en términos de sostenibilidad permite a las empresas alcanzar una visión más amplia que incluye el bienestar ambiental, social y económico. Al adoptar un enfoque de triple impacto, valorar los recursos naturales, innovar en productos y procesos, y priorizar la ética y la transparencia, las empresas pueden liderar el camino hacia un futuro más sostenible. Este enfoque no solo genera beneficios para la empresa, sino que también crea un impacto positivo en la sociedad y en el planeta, permitiendo que el éxito empresarial sea sinónimo de responsabilidad y sostenibilidad.

Empresas Sostenibles y sus Buenas Prácticas

A nivel global, algunas empresas están tomando la delantera en la transformación hacia un modelo empresarial más sostenible. Estos ejemplos muestran que la sostenibilidad no solo es viable, sino también beneficiosa para la empresa, el medio ambiente y la sociedad. A continuación, se exploran las prácticas de sostenibilidad implementadas por empresas destacadas en diferentes sectores.

Patagonia: Innovación y Responsabilidad Ambiental

Patagonia es una empresa de ropa y equipos para actividades al aire libre que ha adoptado un enfoque centrado en la sostenibilidad y la responsabilidad ambiental. A lo largo de los años, la compañía ha implementado numerosas iniciativas que la han convertido en un referente en sostenibilidad en el sector de la moda.

- **Uso de Materiales Reciclados y Orgánicos**: Patagonia utiliza materiales reciclados y orgánicos en la fabricación de sus productos. Al reducir la dependencia de materiales vírgenes, la empresa minimiza su impacto ambiental, disminuyendo el uso de recursos naturales y las emisiones de gases de efecto invernadero.

- **Promoción de la Reparación y Reutilización de Productos**: La empresa anima a sus clientes a reparar y reutilizar sus productos en lugar de comprar nuevos. Su programa "Worn Wear" facilita la reparación y venta de ropa usada, fomentando una economía circular en la que los productos tienen una vida útil más prolongada.

- **Compromiso con las Causas Ambientales**: Patagonia dona un porcentaje de sus beneficios a organizaciones medioambientales y promueve activamente causas de conservación. La empresa ha llevado a cabo campañas para concienciar sobre el cambio climático y la protección de los ecosistemas, involucrando tanto a sus empleados como a sus clientes.

- **Transparencia en la Cadena de Suministro**: La empresa mantiene una transparencia absoluta en sus prácticas de producción, informando sobre las condiciones de trabajo en sus fábricas y las prácticas sostenibles de sus proveedores.

Patagonia demuestra que la sostenibilidad puede integrarse en todos los aspectos de una empresa, creando valor tanto para los clientes como para el medio ambiente.

IKEA: Transición hacia una Economía Circular

IKEA, una de las mayores empresas de muebles a nivel mundial, está comprometida con la sostenibilidad y ha adoptado un enfoque de economía circular para reducir su impacto ambiental y promover el reciclaje y la reutilización de productos.

- **Diseño de Productos Reutilizables y Reciclables**: La empresa ha rediseñado muchos de sus productos para que puedan ser reutilizados, reciclados o compostados. Esto incluye el uso de materiales sostenibles y diseños que facilitan el desmontaje y la reparación.

- **Programas de Reciclaje y Reducción de Desperdicios**: IKEA ha implementado programas de reciclaje en sus tiendas para que los clientes puedan devolver muebles y reciclar materiales. Estos programas están diseñados para reducir los residuos y facilitar una economía circular.

- **Alquiler de Muebles**: En algunos mercados, IKEA ha comenzado a ofrecer servicios de alquiler de muebles, permitiendo a los clientes acceder a productos de alta calidad sin la necesidad de comprarlos. Esto facilita la reutilización y extiende la vida útil de los productos.

- **Compromiso con la Energía Renovable**: IKEA ha invertido en energía solar y eólica para reducir su huella de carbono. Su objetivo es utilizar exclusivamente energía renovable en todas sus operaciones y ha instalado paneles solares en muchas de sus tiendas y centros de distribución.

IKEA demuestra que una empresa multinacional puede hacer la transición hacia un modelo de negocio sostenible y promover prácticas responsables en toda su cadena de suministro.

Unilever: Compromiso con la Sostenibilidad en su Cadena de Suministro

Unilever, uno de los mayores fabricantes de bienes de consumo, ha adoptado una estrategia de sostenibilidad integral que abarca su cadena de suministro, sus productos y su impacto social.

- **Reducción del Uso de Plástico**: Unilever ha establecido objetivos ambiciosos para reducir el uso de plástico en sus productos y envases. La empresa se ha comprometido a que el 100 % de sus envases de plástico sean reutilizables, reciclables o compostables para el año 2025.

- **Promoción de la Agricultura Sostenible**: La empresa trabaja con agricultores en varios países para implementar prácticas de agricultura sostenible, como la rotación de cultivos y la reducción del uso de pesticidas. Esto ayuda a conservar el suelo y a proteger la biodiversidad.

- **Mejora de las Condiciones de los Proveedores en Países en Desarrollo**: Unilever colabora con sus proveedores para mejorar las condiciones laborales y sociales en sus cadenas de suministro. Esto incluye el pago de salarios justos y la mejora de la seguridad en el lugar de trabajo, especialmente en países en desarrollo.

- **Transparencia y Comunicación de Avances en Sostenibilidad**: La empresa publica regularmente sus avances en sostenibilidad en informes accesibles para el público, lo que fomenta la transparencia y la confianza en la marca.

Unilever ha demostrado que una gran empresa de bienes de consumo puede liderar el cambio hacia la sostenibilidad y promover prácticas responsables en toda su cadena de suministro.

Tesla: Innovación en Energía y Transporte Sostenible

Tesla, líder en la fabricación de vehículos eléctricos y tecnología de energía limpia, ha revolucionado la industria automotriz y ha promovido la adopción de energías renovables.

- **Vehículos Eléctricos para Reducir las Emisiones de CO_2**: Tesla se ha centrado en la producción de vehículos eléctricos de alto rendimiento que ayudan a reducir las emisiones de gases de efecto invernadero en comparación con los vehículos a gasolina y diésel. Esta innovación ha hecho que los vehículos eléctricos sean cada vez más accesibles y atractivos para los consumidores.

- **Soluciones Energéticas para Hogares y Empresas**: Además de vehículos eléctricos, Tesla ha desarrollado paneles solares y baterías para almacenamiento de energía. Estas soluciones permiten que hogares y empresas generen y almacenen energía limpia, reduciendo su dependencia de la red eléctrica.

- **Avances en Tecnología de Baterías**: La empresa ha invertido en el desarrollo de baterías de mayor duración y capacidad, lo que mejora la autonomía de sus vehículos y la eficiencia de sus soluciones energéticas. Esta innovación es clave para hacer que los vehículos eléctricos y las energías renovables sean más viables a gran escala.

- **Compromiso con la Expansión de la Infraestructura de Carga**: Tesla ha instalado una red de estaciones de carga rápida para facilitar el uso de vehículos eléctricos en todo el mundo. Esta infraestructura es esencial para promover la adopción masiva de vehículos eléctricos y reducir las barreras de acceso para los consumidores.

Tesla ha sido pionera en la promoción del transporte y la energía sostenible, impulsando un cambio estructural en una de las industrias más contaminantes.

Danone: Sostenibilidad en la Industria Alimentaria

Danone, una empresa internacional de productos lácteos y alimentación, ha implementado prácticas de sostenibilidad en todos los aspectos de su negocio y se ha comprometido con un modelo de empresa B, que prioriza el impacto social y ambiental.

- **Agricultura Regenerativa y Prácticas Responsables**: Danone trabaja con agricultores para implementar prácticas de agricultura regenerativa, que promueven la salud del suelo, reducen las emisiones de carbono y fomentan la biodiversidad. Esto incluye técnicas como el uso de cultivos de cobertura y la reducción de productos químicos en los cultivos.

- **Reducción de Plásticos y Envases Sostenibles**: La empresa ha adoptado medidas para reducir el uso de plásticos y fomentar el reciclaje en sus envases. Danone ha comenzado a introducir envases biodegradables y reciclables en sus productos, alineándose con su compromiso de reducir su impacto ambiental.

- **Bienestar Animal y Sostenibilidad Social**: Danone promueve el bienestar animal en sus prácticas ganaderas y colabora con productores locales para garantizar condiciones éticas. Además, la empresa tiene programas de apoyo para sus proveedores en comunidades vulnerables, mejorando sus condiciones laborales y económicas.

- **Certificación como Empresa B**: Danone ha adoptado el modelo de empresa B, una certificación que evalúa el impacto social y ambiental de la empresa. Esto implica un compromiso con la transparencia y una evaluación periódica de su desempeño sostenible.

Danone demuestra que la sostenibilidad y la rentabilidad pueden coexistir en el sector alimentario, promoviendo prácticas que benefician tanto al medio ambiente como a las comunidades.

Estos ejemplos de empresas sostenibles muestran que implementar prácticas de sostenibilidad no solo es viable, sino también rentable y beneficioso para todos los involucrados. Patagonia, IKEA, Unilever, Tesla y Danone lideran el cambio en sus sectores, demostrando que la sostenibilidad es un valor añadido que atrae a los consumidores, mejora la reputación de la marca y contribuye a un mundo más equilibrado. Estas empresas son una inspiración para otras organizaciones y demuestran que la sostenibilidad es un camino hacia un éxito empresarial a largo plazo.

Educación Ambiental en el Lugar de Trabajo

La educación ambiental en el entorno laboral es un componente clave para fomentar una cultura de sostenibilidad en la empresa. Al formar a los empleados en prácticas responsables, no solo se reduce el impacto ambiental de la organización, sino que también se promueve un sentido de responsabilidad colectiva. Este compromiso compartido crea un ambiente de trabajo más cohesivo y responsable, en el que los empleados son conscientes del papel que desempeñan en el cuidado del planeta. A continuación, se presentan estrategias efectivas para implementar una educación ambiental integral en el lugar de trabajo.

Programas de Formación en Sostenibilidad

Los programas de formación en sostenibilidad capacitan a los empleados en conocimientos prácticos que les permiten comprender y aplicar prácticas sostenibles en sus actividades diarias.

- **Capacitaciones sobre Eficiencia Energética y Reducción de Residuos**: Estas capacitaciones enseñan a los empleados a minimizar el consumo de energía en sus actividades diarias y a gestionar los residuos de manera responsable. Las sesiones pueden incluir estrategias de ahorro energético, como el apagado de equipos y luces, y métodos para reducir, reutilizar y reciclar materiales.

- **Talleres sobre el Uso Sostenible de Recursos**: Realizar talleres que expliquen cómo gestionar recursos como el papel, el agua y los materiales de oficina ayuda a reducir el impacto ambiental en el día a día de la empresa. Estos talleres pueden abarcar desde el uso eficiente de papel hasta prácticas de ahorro de agua en el entorno laboral.

- **Concienciación sobre la Huella de Carbono**: Un programa que incluya información sobre la huella de carbono ayuda a los empleados a comprender cómo sus acciones contribuyen a las emisiones de gases de efecto invernadero y qué pueden hacer para reducirlas. Este tipo de capacitación puede incluir el cálculo de la huella de carbono personal y estrategias para disminuirla tanto en el trabajo como en el hogar.

- **Capacitación en Responsabilidad Social Corporativa (RSC)**: Los programas de formación en RSC permiten a los empleados conocer el compromiso de la empresa con la sostenibilidad y cómo su participación contribuye a alcanzar los objetivos de RSC de la organización. La formación en este tema fortalece el sentido de pertenencia y el compromiso de los empleados con los valores de la empresa.

Implementar programas de formación en sostenibilidad permite que los empleados se conviertan en agentes de cambio, aplicando prácticas sostenibles dentro y fuera del trabajo.

Iniciativas de Reciclaje y Reducción de Residuos

Fomentar el reciclaje y la reducción de residuos en el lugar de trabajo es una manera tangible y efectiva de reducir el impacto ambiental de la organización.

- **Establecimiento de Puntos de Reciclaje**: Instalar estaciones de reciclaje claramente identificadas para distintos tipos de residuos, como papel, plástico y orgánicos, facilita el reciclaje en el lugar de trabajo. Además, incluir señales informativas sobre cómo separar los residuos correctamente ayuda a mejorar la efectividad del reciclaje.

- **Reducción de Materiales de un Solo Uso**: Limitar el uso de materiales desechables, como vasos, cubiertos y platos de plástico, es una medida importante. Las empresas pueden optar por ofrecer vajillas reutilizables en los comedores y cocinas, y proporcionar botellas de agua reutilizables para los empleados.

- **Reciclaje de Equipos Electrónicos y Residuos de Aparatos Eléctricos y Electrónicos (RAEE)**: Establecer un punto de recogida de equipos electrónicos, como ordenadores o impresoras que ya no se usen, permite que estos residuos se gestionen adecuadamente. Los equipos obsoletos pueden ser donados o reciclados en plantas especializadas.

- **Programas de Reducción de Papel**: Fomentar el uso de herramientas digitales y minimizar las impresiones en papel reduce la cantidad de residuos generados. Las empresas pueden establecer políticas de impresión responsable y animar a los empleados a trabajar en formato digital siempre que sea posible.

- **Desafíos de Reducción de Residuos**: Realizar desafíos periódicos de reducción de residuos, como un concurso para reducir el uso de papel o plásticos, motiva a los empleados a adoptar hábitos sostenibles y hace que el proceso sea más atractivo y participativo.

Estas iniciativas crean una cultura de reducción de residuos en el trabajo y promueven un ambiente más limpio y sostenible.

Promoción de la Movilidad Sostenible entre los Empleados

Promover la movilidad sostenible es una forma de reducir la huella de carbono de la empresa y de facilitar opciones de transporte más responsables para los empleados.

- **Incentivos para el Uso de Bicicletas**: Las empresas pueden ofrecer incentivos para quienes opten por la bicicleta como medio de transporte, como el reembolso de gastos en reparaciones de bicicletas o la instalación de aparcamientos para bicicletas. Algunos lugares de trabajo también ofrecen duchas y vestuarios para los empleados que se desplacen en bicicleta.

- **Carpooling y Transporte Compartido**: Facilitar la organización de carpooling entre empleados que vivan cerca permite reducir el número de vehículos en la carretera y, por lo tanto, las emisiones de CO_2. Las empresas pueden implementar plataformas internas para coordinar el transporte compartido.

- **Apoyo al Uso del Transporte Público**: Algunas empresas ofrecen tarjetas de transporte público subvencionadas o descuentos en el abono de transporte, incentivando el uso del transporte público. Esta medida reduce el tráfico y la contaminación en las ciudades y contribuye a mejorar la calidad del aire.

- **Teletrabajo y Flexibilidad de Horarios**: El teletrabajo y la flexibilidad de horarios permiten reducir la necesidad de desplazamientos diarios, lo que contribuye a disminuir la huella de carbono de la empresa. Esta medida, además, mejora la calidad de vida de los empleados y reduce la congestión en las horas punta.

- **Estaciones de Carga para Vehículos Eléctricos**: Instalar estaciones de carga para vehículos eléctricos en el lugar de trabajo es un incentivo para que los empleados opten por esta alternativa de transporte. Facilitar el acceso a la infraestructura de carga contribuye a la adopción de vehículos sostenibles.

Promover la movilidad sostenible es una medida con beneficios tanto para el medio ambiente como para los empleados, quienes pueden disfrutar de opciones de transporte más saludables y responsables.

Fomento de la Eficiencia Energética en el Lugar de Trabajo

La eficiencia energética en el lugar de trabajo no solo reduce los costes operativos, sino que también minimiza el impacto ambiental de la empresa. Educar a los empleados en el uso racional de la energía es una práctica esencial para fomentar la sostenibilidad.

- **Concienciación sobre el Apagado de Equipos y Luces**: Motivar a los empleados a apagar luces y equipos cuando no están en uso es una práctica simple pero efectiva para reducir el consumo de energía. Carteles recordatorios y sesiones de capacitación pueden reforzar esta costumbre.

- **Uso de Tecnologías de Eficiencia Energética**: Instalar sensores de movimiento para la iluminación, sistemas de climatización de bajo consumo y equipos energéticamente eficientes en las oficinas contribuye a la sostenibilidad de la empresa. Estos sistemas optimizan el uso de energía y reducen el desperdicio.

- **Fomento del Uso de Energías Renovables**: Siempre que sea posible, las empresas pueden optar por fuentes de energía renovable, como la energía solar o eólica, para reducir su dependencia de los combustibles fósiles. Además, algunas organizaciones instalan paneles solares en sus instalaciones para cubrir parte de su consumo energético.

- **Reducción de la Dependencia de Sistemas de Climatización**: Adoptar medidas de climatización pasiva, como el uso de ventilación natural y la optimización de la luz solar, permite reducir la dependencia de sistemas de aire acondicionado y calefacción. Estas prácticas, además de ser sostenibles, mejoran el confort en el lugar de trabajo.

- **Concursos de Ahorro Energético**: Organizar concursos de ahorro energético entre diferentes departamentos o equipos promueve una competencia amigable y fomenta el ahorro de energía en la empresa. Estos concursos también pueden servir para premiar y reconocer los esfuerzos de los empleados.

La eficiencia energética en el trabajo es clave para reducir la huella de carbono y crear un ambiente laboral comprometido con el ahorro y el respeto al medio ambiente.

Grupos de Sostenibilidad y Embajadores Ambientales

Involucrar a los empleados en iniciativas de sostenibilidad a través de grupos de sostenibilidad y embajadores ambientales crea una cultura de participación en temas ambientales.

- **Creación de Grupos de Sostenibilidad**: Formar grupos de sostenibilidad en la empresa permite que los empleados participen en la planificación y ejecución de iniciativas sostenibles. Estos grupos pueden reunirse periódicamente para proponer nuevas ideas y evaluar el progreso de las iniciativas ambientales en la empresa.

- **Nombramiento de Embajadores Ambientales**: Nombrar embajadores ambientales en cada departamento o equipo motiva a los empleados a liderar iniciativas sostenibles y a actuar como referentes para sus compañeros. Los embajadores pueden organizar eventos de concienciación, responder preguntas sobre sostenibilidad y promover prácticas respetuosas con el medio ambiente.

- **Eventos de Concienciación y Voluntariado**: Organizar eventos de concienciación, como talleres, charlas y actividades de voluntariado en colaboración con organizaciones ambientales, fomenta el sentido de responsabilidad en el equipo. Actividades como la limpieza de espacios naturales o la plantación de árboles permiten a los empleados participar activamente en la protección del medio ambiente.

- **Encuestas y Feedback de los Empleados**: Realizar encuestas para conocer la opinión y las ideas de los empleados sobre sostenibilidad permite mejorar las iniciativas de sostenibilidad y adaptar las estrategias de acuerdo con sus sugerencias. Este enfoque participativo crea un ambiente de trabajo inclusivo y enfocado en la mejora continua.

- **Reconocimientos y Premios a la Sostenibilidad**: Reconocer y premiar a los empleados y equipos que demuestren un compromiso con la sostenibilidad es una manera efectiva de reforzar la cultura de sostenibilidad en la empresa. Estos reconocimientos pueden incluir premios simbólicos, incentivos económicos o menciones destacadas en los boletines internos de la empresa.

La creación de grupos de sostenibilidad y la designación de embajadores ambientales fomentan un ambiente laboral en el que la sostenibilidad es una prioridad compartida y promueven el cambio hacia prácticas empresariales más responsables.

La educación ambiental en el lugar de trabajo es esencial para construir una cultura organizacional comprometida con la sostenibilidad. Desde programas de formación y reducción de residuos hasta iniciativas de movilidad y eficiencia energética, cada práctica contribuye a un entorno laboral más respetuoso con el medio ambiente. Además, los grupos de sostenibilidad y embajadores ambientales fomentan la participación de los empleados, haciendo que todos formen parte del cambio hacia un futuro más sostenible. La educación ambiental en la empresa es una herramienta poderosa para reducir el impacto ambiental, promover la responsabilidad colectiva y mejorar la reputación de la organización en un mercado cada vez más consciente.

Hacia Modelos de Economía Circular

La economía circular es un enfoque en el que los productos y recursos se mantienen en uso durante el mayor tiempo posible, extrayendo el máximo valor antes de que lleguen al final de su vida útil. Este modelo contribuye a reducir el desperdicio y a optimizar el uso de materiales, disminuyendo la dependencia de los recursos naturales y el impacto ambiental. Adoptar estrategias de economía circular permite a las empresas ser más sostenibles, responsables y competitivas. A continuación, se detallan las principales estrategias para una transición efectiva hacia este modelo.

Diseño de Productos para la Circularidad

El diseño de productos es fundamental para asegurar que los bienes puedan ser fácilmente reciclados, reutilizados o reparados. La circularidad comienza en la etapa de diseño, donde se toman decisiones que determinan el ciclo de vida de los productos y su impacto ambiental.

- **Uso de Materiales Reciclables y Renovables**: Las empresas deben priorizar el uso de materiales reciclables y renovables en el diseño de sus productos. Esto incluye el uso de metales reciclados, plásticos biodegradables y fibras sostenibles, como el algodón orgánico o el bambú.

- **Diseño Modular**: Los productos modulares facilitan la reparación y el reemplazo de componentes individuales, prolongando su vida útil y evitando el desperdicio de materiales. Este enfoque es común en la industria tecnológica, donde algunas empresas diseñan dispositivos electrónicos con piezas intercambiables.

- **Evitar Sustancias Tóxicas**: La eliminación de sustancias tóxicas en la fabricación de productos es esencial para que estos puedan ser reciclados sin riesgo de contaminación. Las empresas deben adherirse a estándares de seguridad ambiental y limitar el uso de productos químicos peligrosos.

- **Optimización del Ciclo de Vida**: Diseñar productos que puedan ser fácilmente desmontados y clasificados al final de su vida útil facilita su reciclaje y reutilización. Esto permite que los materiales puedan reincorporarse a la cadena de producción sin perder calidad.

El diseño de productos para la circularidad es el primer paso hacia una economía circular, ya que permite a las empresas crear bienes sostenibles que generan menos residuos y tienen un impacto ambiental reducido.

Implementación de Modelos de Alquiler y Recompra

El alquiler y la recompra de productos son estrategias efectivas para maximizar el uso de los bienes y reducir el consumo de nuevos recursos. Estos modelos permiten que los productos tengan una vida útil más larga y ayudan a las empresas a cerrar el ciclo de sus productos.

- **Modelo de Alquiler para Productos Duraderos**: El alquiler de productos, como muebles, vehículos o electrodomésticos, permite a los consumidores acceder a bienes de calidad sin necesidad de comprarlos. Este modelo prolonga el uso de los productos y facilita su mantenimiento y actualización por parte de la empresa.

- **Programas de Recompra para Reventa y Reciclaje**: Las empresas que ofrecen programas de recompra incentivan a los clientes a devolver productos usados para su reventa o reciclaje. Patagonia, por ejemplo, recompra ropa usada y la revende a precios reducidos, fomentando la reutilización y evitando que estas prendas terminen en vertederos.

- **Economía de Suscripción**: Algunos productos se ofrecen en modalidad de suscripción, en la que los clientes pagan una cuota para acceder a servicios y bienes de manera temporal. Este modelo permite que los productos vuelvan al fabricante para ser renovados o redistribuidos, reduciendo el desperdicio y generando ingresos recurrentes para la empresa.

- **Ventajas de los Modelos de Alquiler y Recompra para el Cliente**: Estos modelos también ofrecen ventajas para el consumidor, como la reducción de costes, el acceso a bienes de alta calidad y la flexibilidad para cambiar de producto cuando sea necesario.

La implementación de modelos de alquiler y recompra permite a las empresas dar una segunda vida a sus productos, mejorando su eficiencia y reduciendo el impacto ambiental.

Reutilización y Reciclaje de Materiales en la Producción

El reciclaje y la reutilización de materiales en los procesos de producción son estrategias clave para reducir el uso de materias primas y minimizar el desperdicio.

- **Reciclaje Interno de Materiales**: Las empresas pueden reciclar los residuos generados en la producción para reutilizarlos en nuevos procesos. Esto permite reducir el coste de materiales y minimizar el impacto ambiental. Por ejemplo, en la industria de la moda, algunas empresas reciclan restos de tela para crear nuevos productos.

- **Uso de Materiales Reciclados en Nuevos Productos**: Al utilizar materiales reciclados, las empresas pueden reducir su dependencia de materias primas vírgenes. Esto incluye el uso de plásticos reciclados en envases, vidrio reciclado en botellas o aluminio reciclado en la fabricación de vehículos y otros productos.

- **Sistemas de Recogida de Residuos y Residuos Valorizables**: Implementar sistemas de recogida selectiva de residuos en las instalaciones permite separar materiales valorizables, como el papel, el cartón y el metal. Estos materiales pueden venderse a plantas de reciclaje o reincorporarse a la producción.

- **Colaboración con Proveedores de Materiales Reciclados**: La colaboración con proveedores que utilicen materiales reciclados o sostenibles es fundamental para implementar una economía circular. Las empresas pueden buscar alianzas con proveedores responsables que les suministren materiales de bajo impacto ambiental.

El reciclaje y la reutilización de materiales permiten que las empresas reduzcan el uso de recursos, minimicen el desperdicio y promuevan un ciclo de producción más sostenible.

Promoción de la Reparación y Reutilización

Fomentar la reparación y la reutilización de productos es una de las estrategias más efectivas para extender su vida útil y reducir el consumo de nuevos recursos. Al alentar a los consumidores a reparar sus bienes en lugar de desecharlos, las empresas promueven una economía circular y sostenible.

- **Servicios de Reparación en la Empresa**: Algunas empresas, como Patagonia, ofrecen servicios de reparación para sus productos, permitiendo a los clientes extender su vida útil. Estos servicios pueden incluir reparaciones de ropa, calzado, dispositivos electrónicos y otros productos de consumo.

- **Facilidad para la Reparación**: Diseñar productos que faciliten su reparación, como el uso de piezas modulares y recambios fácilmente accesibles, permite que los clientes puedan arreglar los bienes por sí mismos o en servicios de reparación locales. Este enfoque reduce el coste y la complejidad de la reparación.

- **Educación para el Consumidor sobre la Reparación**: Las empresas pueden ofrecer tutoriales y guías para enseñar a los consumidores a reparar sus productos. Esto permite que los clientes adquieran habilidades para reparar sus bienes y reduce la cantidad de productos que terminan en los vertederos.

- **Segunda Vida para Productos Reacondicionados**: Al reacondicionar productos usados, las empresas pueden revenderlos a precios reducidos, promoviendo la reutilización y ofreciendo opciones accesibles para los consumidores. Los productos reacondicionados suelen someterse a controles de calidad y reparaciones para garantizar su buen estado.

Promover la reparación y reutilización permite a las empresas fortalecer su relación con los clientes, reducir su huella ambiental y contribuir a un modelo de consumo más responsable.

Gestión de Residuos Responsables y Certificaciones de Economía Circular

La gestión responsable de residuos y la obtención de certificaciones de economía circular son herramientas clave para que las empresas demuestren su compromiso con la sostenibilidad y las buenas prácticas.

- **Gestión de Residuos en el Proceso Productivo**: Implementar políticas de gestión de residuos desde la producción permite reducir, clasificar y tratar los residuos de forma adecuada. Las empresas pueden aplicar prácticas como el compostaje de residuos orgánicos o la clasificación de residuos peligrosos para su tratamiento especializado.

- **Certificaciones de Economía Circular**: Las certificaciones de economía circular, como Cradle to Cradle, ISO 14001 y el Estándar Global de Economía Circular, avalan las prácticas sostenibles de la empresa y le otorgan credibilidad en el mercado. Estas certificaciones demuestran que la empresa cumple con estándares ambientales y sociales reconocidos internacionalmente.

- **Sistemas de Recogida y Gestión de Residuos Postconsumo**: Las empresas pueden implementar sistemas para recoger productos al final de su vida útil y garantizar su reciclaje o reutilización. Esto incluye programas de recogida de envases, baterías y dispositivos electrónicos, facilitando su disposición responsable.

- **Transparencia en la Gestión de Residuos**: Informar a los consumidores sobre cómo la empresa gestiona sus residuos y los esfuerzos que realiza para reducirlos fomenta la transparencia y fortalece la confianza en la marca. Las empresas pueden incluir esta información en sus informes de sostenibilidad y en sus comunicaciones con los clientes.

La gestión de residuos y las certificaciones permiten que las empresas garanticen un tratamiento adecuado de sus residuos y demuestren su compromiso con la economía circular.

Adoptar estrategias para la economía circular permite a las empresas aprovechar al máximo sus recursos, reducir su dependencia de materias primas y minimizar su impacto ambiental. Desde el diseño de productos hasta la gestión de residuos, cada paso hacia la circularidad contribuye a un modelo de negocio más sostenible y rentable. La economía circular no solo ayuda a reducir el desperdicio, sino que también genera valor añadido para los consumidores y mejora la reputación de las empresas en un mercado cada vez más consciente. Implementar estas estrategias es esencial para que las organizaciones se mantengan competitivas y responsables en un entorno que exige cada vez más compromiso con el cuidado del planeta.

Transparencia y RSC

La Responsabilidad Social Corporativa (RSC) es el compromiso de una empresa con la sociedad y el medio ambiente, más allá de su función económica. La transparencia y la rendición de cuentas en estas prácticas son esenciales para generar confianza con los grupos de interés y reforzar la reputación de la empresa. Al implementar políticas de RSC y adoptar estándares de sostenibilidad, las empresas pueden mostrar su compromiso con el bienestar social y ambiental y posicionarse como líderes responsables en sus industrias. A continuación, se detallan las estrategias clave para fomentar la transparencia y la responsabilidad en la empresa.

Publicación de Informes de Sostenibilidad

Los informes de sostenibilidad son una herramienta fundamental para comunicar el progreso de la empresa en sus iniciativas de RSC y prácticas sostenibles. Estos informes ofrecen una visión integral de los impactos ambientales, sociales y económicos de la organización.

- **Transparencia en el Consumo de Energía y Emisiones de CO_2:** Informar sobre el consumo de energía y las emisiones de gases de efecto invernadero permite a las empresas mostrar sus esfuerzos para reducir su huella de carbono. Este tipo de datos brinda a los grupos de interés una visión clara de las acciones que la empresa está tomando para mitigar el cambio climático.

- **Gestión de Residuos y Recursos**: Los informes también deben incluir datos sobre la gestión de residuos, el reciclaje y el uso eficiente de los recursos naturales. Al demostrar cómo se gestionan los materiales en la cadena de producción, las empresas pueden mostrar su compromiso con la economía circular y la minimización del desperdicio.

- **Indicadores de Impacto Social**: Los informes de sostenibilidad deben abarcar indicadores sociales, como la diversidad e inclusión, las condiciones laborales y las contribuciones a las comunidades locales. Mostrar los avances en estos temas ayuda a las empresas a construir una imagen de responsabilidad y cuidado hacia las personas.

- **Iniciativas y Metas a Futuro**: Más allá de los logros actuales, los informes deben incluir las metas y compromisos futuros de la empresa en materia de sostenibilidad. Esto permite a los grupos de interés conocer la dirección de la empresa y su compromiso continuo con la mejora.

Publicar informes de sostenibilidad de forma regular no solo refuerza la transparencia, sino que también permite a la empresa identificar áreas de mejora y rendir cuentas sobre sus prácticas de RSC.

Certificaciones y Estándares Internacionales

Las certificaciones de sostenibilidad y los estándares internacionales son una manera de garantizar que las prácticas de la empresa cumplen con requisitos reconocidos a nivel global. Obtener estas certificaciones no solo aumenta la credibilidad de la empresa, sino que también le permite diferenciarse en un mercado cada vez más orientado hacia la sostenibilidad.

- **Certificación B Corp**: Esta certificación evalúa a las empresas en términos de su impacto social y ambiental, transparencia y responsabilidad. Obtener la certificación B Corp es un sello de calidad que demuestra que la empresa opera en beneficio del planeta y la sociedad.

- **ISO 14001 para la Gestión Ambiental**: La norma ISO 14001 establece un marco para que las empresas gestionen sus impactos ambientales y mejoren su desempeño sostenible. Al obtener esta certificación, las empresas muestran su compromiso con la gestión responsable de los recursos y la reducción de su huella ambiental.

- **Estándares Global Reporting Initiative (GRI)**: Los estándares GRI son un marco internacionalmente reconocido para la presentación de informes de sostenibilidad. Utilizar los GRI garantiza que los informes de sostenibilidad de la empresa cumplan con criterios transparentes, comparables y completos.

- **Certificación Cradle to Cradle**: Esta certificación evalúa el ciclo de vida de los productos y asegura que estos pueden ser reutilizados de manera segura y eficiente. La certificación Cradle to Cradle avala que los productos de la empresa se ajustan a los principios de la economía circular.

Al obtener estas certificaciones y estándares, las empresas demuestran su compromiso con prácticas sostenibles y ganan credibilidad entre sus clientes y socios comerciales.

Compromiso con los Objetivos de Desarrollo Sostenible (ODS)

Los Objetivos de Desarrollo Sostenible (ODS) de la ONU son una hoja de ruta global para el desarrollo sostenible. Alinear las actividades empresariales con estos objetivos permite a las empresas contribuir a las metas de sostenibilidad mundial.

- **Integración de los ODS en la Estrategia Corporativa**: Las empresas pueden revisar su estrategia y operaciones para identificar cómo pueden contribuir a los ODS, como el objetivo de "Energía Asequible y No Contaminante" o el de "Acción por el Clima". Integrar los ODS en la estrategia permite que la sostenibilidad sea parte fundamental del modelo de negocio.

- **Colaboración para la Igualdad de Género y el Trabajo Decente**: Los objetivos de igualdad de género y trabajo decente son fundamentales para la sostenibilidad social. Las empresas pueden implementar políticas de inclusión, equidad y condiciones laborales justas para cumplir con estos objetivos y mejorar el ambiente laboral.

- **Promoción de la Innovación y la Infraestructura Sostenible**: Las empresas también pueden alinearse con los ODS en términos de innovación y sostenibilidad. Invertir en tecnologías limpias y en infraestructuras sostenibles es una manera de avanzar hacia el cumplimiento de los objetivos de desarrollo sostenible.

- **Compromiso con la Acción Climática y la Protección de Ecosistemas**: Las empresas pueden adoptar medidas para mitigar su impacto ambiental y contribuir a los objetivos de acción climática y protección de la vida terrestre y marina. Esto puede incluir la reducción de emisiones, la conservación de ecosistemas y el uso responsable de los recursos.

Alinear las actividades empresariales con los ODS permite a las empresas colaborar en la creación de un futuro más sostenible y posicionarse como actores responsables en la comunidad global.

Participación en Iniciativas y Alianzas Sostenibles

Las iniciativas y alianzas sostenibles son una forma efectiva de impulsar el cambio colaborativo en el ámbito de la sostenibilidad. Participar en estas iniciativas permite a las empresas aprender de otros actores, compartir experiencias y alcanzar metas comunes.

- **Pacto Mundial de las Naciones Unidas**: Esta iniciativa invita a las empresas a comprometerse con principios universales en derechos humanos, estándares laborales, medio ambiente y anticorrupción. Participar en el Pacto Mundial es una declaración de compromiso con la sostenibilidad y la ética empresarial.

- **Alianzas con ONGs y Organizaciones Ambientales**: Colaborar con organizaciones no gubernamentales y entidades ambientales permite a las empresas implementar programas de responsabilidad social, como la conservación de ecosistemas o el desarrollo de comunidades locales. Estas alianzas también brindan a las empresas acceso a conocimientos y recursos especializados.

- **Programas de Innovación en Energía y Tecnología Limpia**: Participar en programas de innovación tecnológica y energías renovables permite a las empresas estar a la vanguardia de la sostenibilidad. Los proyectos colaborativos, como las plataformas de investigación en energía limpia, aceleran la transición hacia tecnologías sostenibles.

- **Redes de Colaboración para la Economía Circular**: Las redes de economía circular, que incluyen a empresas, gobiernos y organizaciones, facilitan el intercambio de buenas prácticas y la creación de soluciones sostenibles. Estas colaboraciones promueven la reutilización y el reciclaje de materiales en toda la cadena de suministro.

La participación en iniciativas y alianzas sostenibles permite a las empresas actuar de manera conjunta para abordar desafíos globales y fortalecer su posición en el mercado como líderes en responsabilidad social y ambiental.

La transparencia y la responsabilidad social corporativa son pilares esenciales para que las empresas demuestren su compromiso con la sostenibilidad. A través de informes de sostenibilidad, certificaciones internacionales, alineación con los ODS y participación en iniciativas sostenibles, las empresas pueden construir una reputación sólida y de confianza. Estas prácticas permiten que las organizaciones operen de manera ética y responsable, generando un impacto positivo tanto en el medio ambiente como en la sociedad. Al fomentar la transparencia y la responsabilidad, las empresas no solo contribuyen a un desarrollo más sostenible, sino que también fortalecen su posición en un mercado que valora cada vez más el compromiso con el bienestar del planeta y de las personas.

La transformación empresarial hacia la sostenibilidad es un proceso que requiere redefinir el éxito, implementar buenas prácticas, educar a los empleados y adoptar modelos de economía circular. Las empresas que lideran este cambio no solo generan un impacto positivo en el medio ambiente y en la sociedad, sino que también fortalecen su reputación y se preparan para un futuro más sostenible. A través de la transparencia y la responsabilidad social corporativa, las organizaciones pueden inspirar a otros actores y contribuir a la construcción de una economía global que respete y proteja el planeta.

LA EDUCACIÓN Y LA CONCIENCIA AMBIENTAL

La educación y la conciencia ambiental son fundamentales para fomentar una sociedad comprometida con la sostenibilidad. Educar a las personas, especialmente a las nuevas generaciones, sobre la importancia de proteger el planeta es clave para un cambio duradero. Desde programas educativos hasta campañas de concienciación, cada esfuerzo contribuye a empoderar a la sociedad para que tome decisiones informadas y responsables. A continuación, se exploran las principales estrategias y ejemplos que demuestran cómo la educación y la información impulsan el cambio ambiental.

Educar para un Cambio Duradero

Educar en sostenibilidad va más allá de transmitir conocimientos teóricos; implica también inculcar valores, habilidades y actitudes que tienen un impacto positivo y duradero. La educación ambiental permite a las nuevas generaciones comprender su relación con el planeta y los capacita para enfrentar los desafíos ecológicos con un enfoque responsable y comprometido. A continuación, se detallan las principales áreas en las que la educación en sostenibilidad puede marcar una diferencia significativa.

Importancia de Incluir la Sostenibilidad en los Planes de Estudio

Integrar temas de sostenibilidad en el currículo escolar fomenta una comprensión profunda de la importancia del medio ambiente en todos los aspectos de la vida. Al incorporar estos temas en las etapas educativas tempranas, los estudiantes desarrollan una base sólida de conocimiento y se preparan para actuar de manera consciente en su vida cotidiana.

- **Abordar Temas Clave de Sostenibilidad**: La inclusión de temas como el cambio climático, la pérdida de biodiversidad, la economía circular y las energías renovables ayuda a los estudiantes a comprender cómo sus decisiones impactan en el planeta. Estos temas se pueden adaptar a distintos niveles educativos, desde los más básicos hasta los más avanzados, facilitando un aprendizaje progresivo.

- **Fomento de la Interdisciplinariedad**: La sostenibilidad abarca varias áreas del conocimiento, lo que permite integrar los temas ambientales en diversas asignaturas, como ciencias, economía, geografía y ética. Esta interdisciplinariedad brinda a los estudiantes una visión completa de cómo los problemas ambientales están conectados con otros aspectos sociales y económicos.

- **Incorporación de Proyectos y Prácticas en el Aula**: Desarrollar proyectos escolares que involucren actividades prácticas, como el reciclaje, la plantación de árboles o la construcción de jardines escolares, refuerza el aprendizaje teórico y permite a los estudiantes aplicar lo aprendido en un contexto real.

Incluir la sostenibilidad en los planes de estudio permite que los estudiantes crezcan con una mentalidad consciente y responsable hacia el medio ambiente, sentando las bases para una sociedad más informada y comprometida.

Fomento de Valores de Responsabilidad y Respeto al Medio Ambiente

La educación ambiental es también una herramienta para inculcar valores fundamentales, como el respeto, la responsabilidad y la empatía, que motivan a las personas a actuar en beneficio del planeta.

- **Desarrollar Actitudes de Responsabilidad Personal y Colectiva**: Enseñar a los estudiantes que sus acciones tienen un impacto tanto a nivel individual como colectivo es clave para fomentar la responsabilidad. Esta enseñanza les ayuda a comprender que sus elecciones, aunque parezcan pequeñas, contribuyen a un cambio mayor.

- **Promover el Respeto hacia Todos los Seres Vivos**: La educación ambiental enfatiza el respeto hacia la naturaleza y los seres vivos, recordando a los estudiantes que todos los seres tienen un papel en el equilibrio del ecosistema. Este valor es fundamental para fomentar una actitud respetuosa hacia la fauna, la flora y los recursos naturales.

- **Fomentar la Empatía y el Compromiso con el Bien Común**: La empatía es una habilidad que se puede desarrollar a través de la educación ambiental. Al comprender los efectos de la crisis climática y otros problemas ambientales en comunidades vulnerables, los estudiantes pueden desarrollar un compromiso hacia el bienestar común y una motivación para proteger el entorno.

- **Desarrollar una Ética Ambiental en la Toma de Decisiones**: La educación ambiental también ayuda a que los estudiantes comprendan la ética detrás de sus decisiones. Esto implica elegir productos responsables, evitar el desperdicio y optar por un consumo más sostenible, basado en valores que prioricen el respeto al planeta.

Fomentar estos valores desde una edad temprana permite que los estudiantes desarrollen una conciencia ambiental que guiará sus decisiones y comportamientos a lo largo de su vida.

Educación en Habilidades para la Sostenibilidad

La sostenibilidad no solo depende de los valores, sino también de habilidades prácticas que permiten a las personas adoptar un estilo de vida más respetuoso con el medio ambiente. Estas habilidades son esenciales para que los estudiantes puedan aplicar el conocimiento ambiental en su vida cotidiana.

- **Habilidades en Reciclaje y Gestión de Residuos**: Enseñar a los estudiantes sobre la separación y el reciclaje de residuos les permite reducir su huella ecológica. Conocer el proceso de reciclaje, los tipos de materiales y cómo evitar el uso de plásticos de un solo uso son habilidades prácticas y efectivas para minimizar el impacto ambiental.

- **Eficiencia Energética y Ahorro de Recursos**: Instruir a los estudiantes sobre el uso eficiente de la energía, el agua y otros recursos naturales es una habilidad valiosa. Aprender a apagar las luces, reducir el consumo de agua y optar por productos energéticamente eficientes son prácticas que pueden incorporar en sus hogares y futuros lugares de trabajo.

- **Consumo Responsable y Sostenible**: La educación en consumo responsable enseña a los estudiantes a tomar decisiones informadas y sostenibles. Esto incluye elegir productos locales, minimizar el uso de empaques plásticos y considerar la durabilidad de los bienes, lo cual fomenta una economía circular y un estilo de vida más consciente.

- **Resolución de Problemas Ambientales en la Vida Diaria**: Desarrollar habilidades para identificar problemas ambientales y proponer soluciones prácticas, como la reducción del desperdicio de alimentos o la creación de huertos en el hogar, permite que los estudiantes sean agentes de cambio en sus comunidades.

Estas habilidades son herramientas que permiten a los estudiantes llevar una vida sostenible y contribuir activamente a la protección del medio ambiente.

Concienciación Temprana e Impacto a Largo Plazo

La educación ambiental temprana tiene un impacto significativo en la formación de ciudadanos responsables y comprometidos con la sostenibilidad. Inculcar estos valores y conocimientos desde la infancia es crucial para establecer un cambio duradero y una mentalidad comprometida.

- **Beneficios de la Educación Ambiental desde la Infancia**: Los estudios muestran que los niños que reciben educación ambiental desde una edad temprana tienen una mayor probabilidad de desarrollar un compromiso duradero con la sostenibilidad. Al aprender sobre el valor de la naturaleza y los efectos del cambio climático, los niños se convierten en adultos conscientes y responsables.

- **Establecimiento de Hábitos y Rutinas Sostenibles**: La concienciación temprana facilita la creación de hábitos sostenibles, como el ahorro de agua, la reducción de residuos y la elección de alimentos saludables y sostenibles. Estos hábitos se incorporan a la vida diaria y forman una base sólida para el comportamiento ambiental en el futuro.

- **Desarrollo de una Mentalidad Proactiva hacia los Problemas Ambientales**: Los estudiantes que reciben educación ambiental temprana tienen una mayor predisposición a actuar de manera proactiva ante los problemas ambientales. Al comprender los desafíos, se sienten motivados para buscar soluciones y liderar iniciativas que promuevan un cambio positivo.

- **Involucramiento Familiar y Comunitario**: La educación ambiental en la infancia también fomenta la participación de las familias y las comunidades. Cuando los niños aprenden sobre sostenibilidad, es probable que compartan sus conocimientos con sus familias, lo que genera un efecto multiplicador en la conciencia ambiental de su entorno cercano.

La concienciación temprana es fundamental para asegurar que la sostenibilidad sea un valor que trascienda generaciones, creando ciudadanos comprometidos con el bienestar del planeta.

Educar en sostenibilidad es un proceso que va más allá de la transmisión de conocimientos; implica fomentar valores, habilidades y actitudes que tienen un impacto positivo y duradero en la sociedad. Desde la inclusión de la sostenibilidad en los planes de estudio hasta la promoción de habilidades prácticas y valores éticos, la educación ambiental sienta las bases para un cambio de mentalidad que puede influir en el comportamiento individual y colectivo. La educación ambiental es la clave para formar una sociedad informada y comprometida que trabaje unida en la protección del planeta, asegurando un futuro más respetuoso y equilibrado para las próximas generaciones.

Programas y Proyectos Educativos

Los programas y proyectos educativos son herramientas efectivas para promover la conciencia ambiental y brindar experiencias prácticas que fortalecen el compromiso con la sostenibilidad. Al involucrar a estudiantes, comunidades y empresas, estas iniciativas fomentan una conexión directa con el medio ambiente y empoderan a los participantes para que tomen medidas en su vida diaria y en su entorno. A continuación, se detallan algunos de los programas y proyectos educativos más efectivos y sus beneficios.

Ecoescuelas y Programas de Educación Ambiental en Colegios

Las Ecoescuelas son un ejemplo de programa educativo que busca integrar la sostenibilidad en el ámbito escolar, promoviendo la responsabilidad ambiental desde una edad temprana.

- **Fomento de Prácticas Sostenibles en el Entorno Escolar**: En una Ecoescuela, los estudiantes participan en actividades como el reciclaje, la reducción de residuos, la gestión del agua y el ahorro energético. Estas prácticas les enseñan a aplicar principios sostenibles en su día a día y a reconocer la importancia de reducir su huella ecológica.

- **Creación de Proyectos Ambientales por Estudiantes**: Las Ecoescuelas suelen incentivar a los estudiantes a crear proyectos ambientales en sus colegios, como huertos escolares, estaciones de reciclaje y jardines de polinizadores. Estos proyectos fomentan la creatividad y el trabajo en equipo, a la vez que enseñan habilidades prácticas y conocimientos sobre el cuidado del medio ambiente.

- **Participación en la Toma de Decisiones**: En las Ecoescuelas, se anima a los estudiantes a participar en el proceso de toma de decisiones sobre las actividades de sostenibilidad, lo que les ayuda a desarrollar un sentido de responsabilidad y liderazgo. Involucrar a los estudiantes en la planificación y ejecución de iniciativas los empodera para actuar como agentes de cambio en su comunidad.

- **Reconocimiento Internacional y Apoyo a la Continuidad**: Las Ecoescuelas cuentan con un sistema de certificación internacional que reconoce el compromiso de la escuela con la sostenibilidad. Esta certificación impulsa a los colegios a mantener y mejorar sus prácticas ambientales, y motiva a otras instituciones a sumarse al programa.

Las Ecoescuelas son una herramienta poderosa para educar en sostenibilidad y construir una cultura ambiental desde la infancia, preparando a los estudiantes para actuar como futuros líderes responsables.

Proyectos de Reforestación y Conservación

Participar en proyectos de reforestación o conservación permite a los estudiantes y comunidades experimentar de primera mano el valor de la naturaleza, al tiempo que contribuyen a la restauración de los ecosistemas locales.

- **Conexión Directa con el Medio Ambiente**: La reforestación permite a los participantes establecer una conexión directa con la naturaleza. Al plantar árboles y cuidar de los ecosistemas, los estudiantes aprenden sobre la biodiversidad, el ciclo del agua y la importancia de los bosques en la absorción de carbono y la regulación del clima.

- **Restauración y Mantenimiento de Hábitats Naturales**: La reforestación y conservación de áreas naturales permiten restaurar hábitats para especies locales, mejorando la biodiversidad y la salud de los ecosistemas. Estos proyectos pueden incluir la recuperación de especies vegetales autóctonas y el control de especies invasoras que dañan el equilibrio natural.

- **Conciencia sobre el Cambio Climático y su Mitigación**: La reforestación es una estrategia clave para combatir el cambio climático, ya que los árboles absorben dióxido de carbono. Participar en estos proyectos permite a los estudiantes comprender el papel que juega la naturaleza en la lucha contra el calentamiento global y la importancia de proteger los recursos naturales.

- **Desarrollo de Habilidades en Conservación y Ecología**: Estos proyectos brindan a los participantes habilidades prácticas en ecología y conservación, como la identificación de especies, el monitoreo de la salud de los ecosistemas y el mantenimiento de zonas verdes.

Los proyectos de reforestación y conservación ofrecen una experiencia educativa profunda que sensibiliza a los participantes sobre el papel fundamental de los ecosistemas en la sostenibilidad.

Talleres y Charlas sobre Energías Renovables

Los talleres y charlas sobre energías renovables son una excelente forma de educar a la población sobre alternativas energéticas sostenibles y su importancia para reducir el impacto ambiental.

- **Introducción a las Fuentes de Energía Limpia**: Estos talleres educan a los participantes sobre las distintas fuentes de energía renovable, como la solar, la eólica, la geotérmica y la hidroeléctrica. Entender cómo funcionan y sus beneficios frente a los combustibles fósiles permite que los participantes tomen decisiones informadas sobre el consumo energético.

- **Demostraciones Prácticas y Experimentos**: A través de demostraciones y experimentos, como la construcción de paneles solares caseros o la instalación de pequeños generadores eólicos, los participantes aprenden de manera práctica cómo aprovechar las energías renovables.

- **Concienciación sobre el Consumo Energético y la Eficiencia**: Los talleres también incluyen consejos sobre cómo reducir el consumo energético en el hogar y en el trabajo, como el uso de electrodomésticos eficientes y el aprovechamiento de la luz natural. Estos conocimientos permiten a los participantes implementar prácticas sostenibles en su vida cotidiana.

- **Conocimiento sobre el Impacto Ambiental de las Fuentes Energéticas**: Las charlas sobre energía renovable también explican el impacto ambiental de las fuentes energéticas tradicionales, como el carbón y el petróleo. Esto ayuda a los participantes a comprender por qué es fundamental transitar hacia fuentes de energía limpia.

Los talleres y charlas sobre energías renovables brindan a los participantes conocimientos esenciales para promover un cambio hacia un sistema energético más sostenible.

Centros de Educación Ambiental y Actividades al Aire Libre

Los centros de educación ambiental ofrecen experiencias educativas en contacto directo con la naturaleza, lo que facilita el aprendizaje a través de la observación y la práctica. Las actividades al aire libre refuerzan la conciencia ambiental y el respeto por los ecosistemas.

- **Educación en un Entorno Natural**: Los centros de educación ambiental brindan un entorno natural donde los participantes pueden observar la flora y fauna locales. Este contacto directo con la naturaleza genera una apreciación por el medio ambiente y una comprensión del valor de la biodiversidad.

- **Actividades de Observación de Fauna y Flora**: Actividades como la observación de aves, el monitoreo de insectos y el estudio de plantas nativas permiten a los participantes conocer la diversidad biológica de su entorno y aprender sobre la interdependencia de las especies.

- **Senderismo y Talleres de Conservación**: El senderismo y los talleres de conservación, como la limpieza de áreas naturales y la plantación de árboles, ayudan a los participantes a comprender los beneficios de proteger y mantener los ecosistemas.

- **Educación sobre los Ecosistemas y su Equilibrio**: Los centros de educación ambiental ofrecen programas educativos que explican cómo funcionan los ecosistemas y la importancia de cada elemento en su equilibrio. Esta comprensión ayuda a los participantes a ver la relación entre la salud del medio ambiente y el bienestar humano.

Las actividades en los centros de educación ambiental son experiencias transformadoras que fortalecen el vínculo con la naturaleza y fomentan la protección de los ecosistemas.

Programas Comunitarios y de Participación Ciudadana

La participación ciudadana en programas ambientales fomenta la colaboración entre miembros de la comunidad y promueve una responsabilidad compartida en la protección del entorno.

- **Jornadas de Limpieza de Playas y Parques**: Estas jornadas permiten a los ciudadanos contribuir de manera directa a la limpieza y conservación de los espacios naturales. La recolección de residuos ayuda a reducir la contaminación y sensibiliza a los participantes sobre el impacto de los desechos en el medio ambiente.

- **Creación de Huertos Comunitarios**: Los huertos comunitarios fomentan la colaboración y enseñan prácticas sostenibles, como el cultivo de alimentos locales y el compostaje de residuos orgánicos. Estos huertos no solo mejoran la calidad de vida de los participantes, sino que también crean un sentido de pertenencia y respeto hacia la tierra.

- **Programas de Reciclaje y Reducción de Residuos**: Los programas comunitarios de reciclaje y reducción de residuos, que incluyen la separación y recolección de materiales reciclables, educan a los ciudadanos sobre la importancia de la economía circular y la reducción de la basura.

- **Sensibilización sobre la Biodiversidad Local y Conservación de Hábitats**: Los programas que promueven la conservación de especies y hábitats locales, como la protección de zonas húmedas o la creación de corredores biológicos, fomentan la participación ciudadana en la conservación de la biodiversidad de la región.

- **Campañas de Consumo Responsable y Uso Eficiente de los Recursos**: Las campañas de consumo responsable promueven hábitos sostenibles, como la reducción del uso de plásticos y el ahorro de agua. Estas campañas son una forma eficaz de concienciar a la comunidad sobre la necesidad de adoptar prácticas sostenibles.

Los programas de participación ciudadana empoderan a las comunidades para que trabajen juntas en la protección del medio ambiente, fortaleciendo el compromiso colectivo con la sostenibilidad.

Los programas y proyectos educativos crean oportunidades prácticas para que los individuos y comunidades se involucren en la protección del medio ambiente. Desde las Ecoescuelas y los centros de educación ambiental hasta los programas de participación ciudadana, estas iniciativas ofrecen experiencias enriquecedoras que fortalecen la conexión con el medio ambiente y promueven la adopción de prácticas sostenibles. Al fomentar la educación ambiental en diversos contextos, se construye una sociedad más consciente y comprometida, preparada para enfrentar los desafíos ambientales con responsabilidad y acción.

La Información Impulsa la Acción

La información es uno de los motores más poderosos para motivar la acción ambiental. Los medios de comunicación, las redes sociales y las campañas de concienciación desempeñan un papel fundamental en la difusión de información sobre los problemas ambientales y en la sensibilización de la sociedad hacia la sostenibilidad. Al acceder a información veraz y oportuna, las personas comprenden mejor la magnitud de los desafíos ecológicos y se sienten impulsadas a tomar medidas para proteger el planeta. A continuación, se detallan los principales canales y estrategias de comunicación que impulsan el cambio hacia un estilo de vida más sostenible.

El Papel de los Medios de Comunicación en la Concienciación

Los medios de comunicación son clave para informar y sensibilizar a la opinión pública sobre los problemas ambientales. A través de reportajes, documentales y noticias, los medios pueden influir significativamente en la percepción y comprensión de los temas ambientales.

- **Difusión de Información sobre Problemas Ambientales Globales**: Los medios informan sobre temas como el cambio climático, la pérdida de biodiversidad y la contaminación, brindando al público una visión integral de los desafíos a nivel mundial. Esta información ayuda a las personas a comprender el contexto global y su conexión con problemas locales.

- **Investigación y Reportajes de Profundidad**: Los reportajes de investigación aportan una visión detallada sobre los problemas ambientales y sus causas. Estos reportajes suelen incluir entrevistas con expertos, datos científicos y testimonios de comunidades afectadas, proporcionando una comprensión profunda de los problemas y la urgencia de resolverlos.

- **Creación de Narrativas Impactantes para Generar Empatía**: Los medios tienen la capacidad de crear historias que tocan emocionalmente a la audiencia, promoviendo la empatía y la comprensión de la situación de las comunidades afectadas por la crisis ambiental. Estas narrativas refuerzan el sentido de responsabilidad y compromiso hacia el cambio.

- **Promoción de la Acción Colectiva**: A través de la difusión de eventos, marchas y campañas, los medios de comunicación alientan a la ciudadanía a participar en iniciativas colectivas. La cobertura de movimientos sociales, como las huelgas climáticas, inspira a más personas a unirse a la lucha por la sostenibilidad.

Los medios de comunicación, con su alcance e influencia, juegan un papel central en la creación de una sociedad informada y consciente, capaz de actuar con responsabilidad hacia el medio ambiente.

Campañas de Concienciación para Fomentar el Cambio de Hábitos

Las campañas de concienciación, tanto a nivel local como global, son una herramienta eficaz para promover cambios en los comportamientos y fomentar prácticas sostenibles. Estas campañas utilizan mensajes claros y atractivos para inspirar a la población a tomar medidas.

- **Iniciativas Globales como "La Hora del Planeta"**: Campañas como "La Hora del Planeta", en la que millones de personas apagan sus luces durante una hora, generan un impacto significativo en la sensibilización sobre el consumo energético. Estos eventos masivos crean un sentido de comunidad global y recuerdan a la sociedad la importancia de tomar medidas sostenibles.

- **Movimientos de Reducción de Residuos, como "Zero Waste"**: Las campañas de "Zero Waste" (cero residuos) promueven un estilo de vida sin desperdicio, animando a las personas a reducir el uso de plásticos de un solo uso y a minimizar los residuos. Estas campañas fomentan el consumo responsable y contribuyen a reducir la contaminación.

- **Campañas Locales de Reducción de Plásticos y Ahorro de Agua**: Las campañas locales, como las de reducción de plásticos y el uso responsable del agua, abordan problemas específicos de cada comunidad. Estas iniciativas suelen involucrar a organizaciones locales y permiten una conexión más cercana con la población, motivando cambios concretos y tangibles en el estilo de vida.

- **Difusión de Buenos Hábitos Ambientales a Través de las Redes Sociales**: Las campañas en redes sociales ofrecen consejos y prácticas sostenibles, como el reciclaje y el ahorro de energía. Este tipo de campañas alcanzan a un público amplio y son fáciles de compartir, lo que facilita la propagación de buenos hábitos en la comunidad.

Las campañas de concienciación demuestran que, al unir esfuerzos, cada persona puede contribuir al cambio. Estas iniciativas inspiran a la sociedad a adoptar prácticas sostenibles y demuestran el impacto positivo de las pequeñas acciones.

Educación Digital y Recursos en Línea

La tecnología y las plataformas digitales han ampliado el acceso a la información ambiental, permitiendo que cualquier persona, en cualquier lugar, pueda aprender sobre sostenibilidad y actuar en consecuencia. Los recursos en línea se han convertido en herramientas clave para educar a la sociedad sobre los problemas ambientales y las soluciones disponibles.

- **Documentales y Series de Concienciación Ambiental**: Los documentales y series sobre temas ambientales, como "Our Planet" o "Before the Flood", brindan información visual y atractiva sobre los desafíos ambientales. Estos contenidos generan conciencia al mostrar los efectos del cambio climático y la pérdida de biodiversidad de una manera impactante.

- **Cursos y Talleres Virtuales de Sostenibilidad**: Existen numerosos cursos en línea sobre sostenibilidad, reciclaje, energía renovable y economía circular. Estos cursos permiten a las personas aprender sobre sostenibilidad a su propio ritmo y obtener conocimientos prácticos que pueden aplicar en su vida diaria.

- **Blogs y Páginas Web de Recursos Educativos**: Los blogs y sitios web dedicados a la sostenibilidad, como

Treehugger o GreenPeace, ofrecen artículos, guías y consejos sobre prácticas sostenibles. Estos recursos son de fácil acceso y proporcionan información útil y actualizada para personas de todas las edades.

- **Aplicaciones para el Monitoreo del Consumo y las Emisiones**: Existen aplicaciones móviles que permiten a los usuarios monitorear su consumo energético, calcular su huella de carbono y recibir recomendaciones para reducir su impacto ambiental. Estas aplicaciones son herramientas prácticas que ayudan a los usuarios a llevar un estilo de vida más sostenible.

Los recursos en línea brindan una educación accesible y continua sobre sostenibilidad, empoderando a las personas para que se conviertan en agentes de cambio en sus comunidades.

Líderes de Opinión en la Sostenibilidad

Los influencers y líderes de opinión en el ámbito de la sostenibilidad tienen una influencia significativa en la creación de conciencia ambiental y en la promoción de prácticas sostenibles. Con sus plataformas, inspiran a miles o incluso millones de personas a adoptar un estilo de vida más consciente.

- **Difusión de Mensajes Sostenibles a Gran Escala**: Los influencers tienen un alcance masivo en redes sociales, lo que les permite llegar a una audiencia amplia con sus mensajes sobre sostenibilidad. Al compartir contenido sobre consumo responsable, reciclaje y ahorro energético, estos líderes de opinión motivan a sus seguidores a cambiar sus hábitos.

- **Colaboración con Marcas y Empresas Sostenibles**: Muchos influencers colaboran con marcas comprometidas con la sostenibilidad, promocionando productos y servicios responsables. Estas colaboraciones aumentan la visibilidad de las marcas sostenibles y muestran a los consumidores opciones respetuosas con el medio ambiente.

- **Inspiración y Ejemplo de Buenas Prácticas**: Al compartir su propio estilo de vida sostenible, los influencers sirven como ejemplo para sus seguidores. Al mostrar cómo integran prácticas responsables en su vida cotidiana, inspiran a otros a hacer lo mismo.

- **Creación de Comunidades de Conciencia Ambiental**: Los influencers en sostenibilidad a menudo crean comunidades en las que sus seguidores pueden compartir ideas y experiencias sobre prácticas responsables. Estas comunidades fortalecen el compromiso de los participantes y facilitan el intercambio de información sobre sostenibilidad.

Los influencers y líderes de opinión contribuyen a una sociedad más informada y comprometida, mostrando que la sostenibilidad puede formar parte del día a día y creando un efecto multiplicador en la adopción de prácticas responsables.

Transparencia y Acceso a la Información Ambiental

La transparencia en la divulgación de datos ambientales es esencial para que la sociedad pueda tomar decisiones informadas. Al tener acceso a información sobre el impacto ambiental de las empresas y los gobiernos, los ciudadanos pueden exigir cambios y promover prácticas más sostenibles.

- **Publicación de Datos sobre Emisiones de CO_2 y Consumo de Recursos**: Las empresas y gobiernos que publican sus emisiones de CO_2 y el consumo de recursos permiten que los ciudadanos conozcan su impacto ambiental. Esta información también impulsa a las empresas a mejorar sus prácticas para reducir su huella ecológica.

- **Acceso a la Información sobre la Calidad del Aire y el Agua**: La transparencia en la calidad del aire y el agua es fundamental para proteger la salud pública. Al acceder a estos datos, las personas pueden tomar precauciones y exigir medidas de mejora en áreas con altos niveles de contaminación.

- **Informes de Sostenibilidad y RSC en las Empresas**: Las empresas que publican informes de sostenibilidad y responsabilidad social corporativa (RSC) muestran su compromiso con la transparencia y permiten a los consumidores tomar decisiones informadas. Estos informes detallan las acciones de la empresa en temas como el consumo energético, el reciclaje y la protección de la biodiversidad.

- **Mapas e Informes sobre la Biodiversidad y los Ecosistemas**: El acceso a datos sobre la biodiversidad y los ecosistemas permite que los ciudadanos comprendan el estado de la naturaleza en su región. Esta información es clave para promover la conservación y para tomar decisiones informadas en proyectos de desarrollo y urbanización.

La transparencia y el acceso a la información ambiental son esenciales para crear una sociedad informada y empoderada, capaz de actuar en beneficio del planeta.

La información y la transparencia son herramientas poderosas para motivar la acción ambiental y construir una sociedad más consciente y comprometida. A través de los medios de comunicación, las campañas de concienciación, los recursos digitales y la transparencia de los datos, cada individuo puede acceder a conocimientos que fomenten prácticas sostenibles. Al comprender la magnitud de los desafíos ambientales, las personas están mejor preparadas para tomar decisiones responsables y contribuir a la protección del planeta, demostrando que el conocimiento es el primer paso hacia el cambio.

Fomentando la Sostenibilidad Profesional

La educación ambiental es un pilar fundamental en la formación de profesionales que no solo comprenden la importancia de la sostenibilidad, sino que también están equipados para implementar cambios significativos en sus respectivas industrias. A medida que la demanda de prácticas sostenibles crece, es crucial que los futuros líderes y expertos sean preparados adecuadamente para enfrentar los desafíos ambientales de manera innovadora y responsable. A continuación, se detallan los aspectos clave del rol de la educación ambiental en la formación de estos profesionales.

Incorporación de la Sostenibilidad en la Educación Superior

Cada vez más instituciones de educación superior están integrando la sostenibilidad en sus programas académicos, reflejando la creciente importancia de estos temas en el mundo laboral y en la sociedad en general.

- **Programas Especializados en Sostenibilidad**: Universidades y centros de formación están desarrollando programas y carreras específicas en áreas como ciencias ambientales, gestión de recursos naturales, ingeniería ambiental y arquitectura sostenible. Estos programas preparan a los estudiantes con conocimientos técnicos y prácticos para abordar los problemas ambientales contemporáneos.

- **Interdisciplinariedad en la Formación**: La sostenibilidad es un tema que abarca múltiples disciplinas, por lo que es fundamental fomentar un enfoque interdisciplinario. Los programas de educación superior pueden incluir asignaturas de ciencias sociales, economía y tecnología junto con temas ambientales, brindando a los estudiantes una comprensión holística de los retos y oportunidades en sostenibilidad.

- **Investigación Aplicada y Proyectos Prácticos**: Las universidades pueden fomentar la investigación aplicada en sostenibilidad, animando a los estudiantes a participar en proyectos que aborden problemas ambientales reales. Estos proyectos permiten a los estudiantes aplicar sus conocimientos en contextos prácticos, desarrollando habilidades críticas y soluciones innovadoras.

- **Colaboración con Empresas y Organizaciones**: Las alianzas entre universidades y empresas pueden proporcionar a los estudiantes oportunidades de pasantías y prácticas profesionales en contextos de sostenibilidad. Esta experiencia práctica es vital para desarrollar habilidades en la gestión ambiental y la implementación de prácticas sostenibles en el ámbito laboral.

La incorporación de la sostenibilidad en la educación superior es esencial para preparar a los profesionales que liderarán el cambio hacia un futuro más sostenible.

Capacitación en Empresas para la Sostenibilidad

Las empresas desempeñan un papel crucial en la implementación de prácticas sostenibles, y la capacitación de sus empleados en este ámbito es fundamental para lograr un impacto real.

- **Programas de Capacitación en Sostenibilidad**: Las empresas pueden desarrollar programas de formación que aborden temas clave como la eficiencia energética, la gestión de residuos, el uso responsable de los recursos y la sostenibilidad en la cadena de suministro. Estas capacitaciones ayudan a los empleados a comprender la importancia de sus acciones y a aplicar prácticas sostenibles en su trabajo diario.

- **Desarrollo de Habilidades Técnicas y Prácticas**: Las capacitaciones deben incluir habilidades tecnicas específicas, como el uso de herramientas para el análisis de la huella de carbono, la implementación de sistemas de reciclaje y la adopción de tecnologías limpias. Al desarrollar estas habilidades, los empleados pueden contribuir activamente a los objetivos de sostenibilidad de la empresa.

- **Fomento de una Cultura Organizacional Sostenible**: La capacitación en sostenibilidad también debe estar acompañada por un cambio cultural en la organización. Fomentar un ambiente que valore la sostenibilidad y promueva la colaboración entre los empleados contribuye a la implementación efectiva de las prácticas aprendidas.

- **Evaluación y Mejora Continua**: Las empresas deben establecer mecanismos para evaluar el impacto de las capacitaciones en la sostenibilidad y realizar mejoras continuas en sus programas. Esto incluye el seguimiento de indicadores de sostenibilidad y la retroalimentación de los empleados sobre las prácticas implementadas.

La capacitación en sostenibilidad dentro de las empresas es fundamental para garantizar que los empleados estén preparados para adoptar prácticas responsables y contribuir al cambio.

Red de Profesionales en Sostenibilidad y Buenas Prácticas

La creación de redes y asociaciones de profesionales en sostenibilidad es clave para compartir conocimientos, experiencias y buenas prácticas.

- **Fomento de la Colaboración entre Profesionales**: Las redes profesionales permiten a los individuos conectarse con otros que comparten intereses similares en sostenibilidad. Estas conexiones fomentan la colaboración en proyectos, investigación y desarrollo de soluciones innovadoras a problemas ambientales.

- **Intercambio de Buenas Prácticas**: Las asociaciones de sostenibilidad pueden organizar conferencias, talleres y seminarios donde los profesionales comparten experiencias y prácticas exitosas. Este intercambio de buenas prácticas es fundamental para el aprendizaje y la mejora continua en el ámbito de la sostenibilidad.

- **Acceso a Recursos y Oportunidades de Formación**: A través de estas redes, los profesionales pueden acceder a recursos educativos, cursos de capacitación y oportunidades de mentoría. Esto contribuye al desarrollo profesional continuo y al fortalecimiento de la capacidad de liderazgo en sostenibilidad.

- **Desarrollo de Proyectos Colaborativos**: Las redes permiten la creación de proyectos colaborativos entre diferentes sectores, como empresas, organizaciones no gubernamentales y académicas. Estos proyectos pueden abordar desafíos específicos de sostenibilidad y fomentar una mayor conciencia y acción colectiva.

Las redes de profesionales en sostenibilidad son esenciales para impulsar la colaboración y el intercambio de conocimientos, fortaleciendo el compromiso con la sostenibilidad en diversas industrias.

Fomento del Emprendimiento Sostenible

La educación ambiental también puede inspirar a jóvenes emprendedores a desarrollar iniciativas que promuevan la sostenibilidad y respondan a los desafíos ambientales actuales.

- **Incentivar el Emprendimiento en Sectores Sostenibles**: Programas educativos pueden fomentar el interés por el emprendimiento sostenible, ofreciendo capacitación en gestión empresarial con un enfoque en la sostenibilidad. Esto incluye temas como la economía circular, la agricultura orgánica y las energías renovables.

- **Creación de Incubadoras y Aceleradoras de Empresas Sostenibles**: Las incubadoras y aceleradoras pueden ofrecer apoyo a emprendedores que desarrollan ideas de negocio sostenibles. Estos programas pueden incluir mentoría, financiamiento inicial y capacitación en prácticas sostenibles, ayudando a los emprendedores a convertir sus ideas en empresas viables.

- **Desarrollo de Soluciones Innovadoras para Desafíos Ambientales**: Los emprendedores sostenibles están en una posición única para desarrollar soluciones innovadoras que aborden los problemas ambientales. Esto puede incluir tecnologías limpias, productos ecológicos y servicios que reduzcan el impacto ambiental.

- **Promoción de Redes de Emprendedores Sostenibles**: Las redes que conectan a emprendedores sostenibles fomentan la colaboración y el intercambio de ideas. Estas redes pueden ayudar a los emprendedores a aprender unos de otros, encontrar inversores y acceder a oportunidades de mercado.

Fomentar el emprendimiento sostenible no solo contribuye a la economía, sino que también aborda desafíos ambientales, generando un impacto positivo en la sociedad y el medio ambiente.

La educación ambiental es esencial para formar a los profesionales que liderarán el cambio hacia un futuro más sostenible. Desde la incorporación de la sostenibilidad en la educación superior hasta la capacitación en empresas y la creación de redes profesionales, cada aspecto contribuye a empoderar a las personas para que actúen de manera responsable y efectiva en sus respectivos campos. Al inspirar a los jóvenes emprendedores y promover la colaboración en sostenibilidad, se sientan las bases para una economía más consciente y un impacto positivo en el medio ambiente y la sociedad. Formar profesionales en sostenibilidad es un paso crucial hacia la construcción de un futuro más respetuoso con el planeta.

Responsabilidad Ambiental en la Comunidad

La educación ambiental no debe limitarse a las instituciones educativas y empresas; es fundamental que se extienda a la comunidad en su conjunto. Crear una cultura de responsabilidad ambiental permite que individuos, familias y vecinos colaboren para proteger y conservar su entorno local. Fomentar este compromiso colectivo no solo mejora la calidad de vida, sino que también empodera a las personas para que actúen en favor de la sostenibilidad. A continuación, se exploran diversas estrategias para cultivar esta cultura en la comunidad.

Eventos de Concienciación Comunitaria

Los eventos comunitarios son una excelente manera de reunir a las personas y proporcionarles información sobre sostenibilidad de manera accesible y práctica.

- **Ferias Ambientales**: Organizar ferias ambientales permite a los miembros de la comunidad aprender sobre prácticas sostenibles a través de talleres, exposiciones y actividades interactivas. Estos eventos pueden incluir actividades para niños, demostraciones de reciclaje y exhibiciones sobre energías renovables.

- **Charlas y Conferencias**: Invitar a expertos en sostenibilidad para que den charlas o conferencias sobre temas ambientales relevantes ayuda a aumentar la conciencia sobre cuestiones locales, como la contaminación, la conservación de recursos y la biodiversidad. Estas presentaciones pueden motivar a los asistentes a adoptar un enfoque más proactivo hacia el medio ambiente.

- **Talleres Prácticos**: Los talleres sobre compostaje, jardinería orgánica, técnicas de reciclaje y ahorro energético ofrecen a los participantes herramientas prácticas que pueden implementar en sus hogares. Estas experiencias prácticas son efectivas para enseñar a las personas cómo reducir su huella ecológica.

- **Actividades de Networking**: Estos eventos también fomentan la creación de redes entre los miembros de la comunidad, facilitando la colaboración en futuros proyectos y promoviendo un sentido de pertenencia y responsabilidad compartida hacia el entorno.

Organizar eventos de concienciación comunitaria crea un espacio de aprendizaje e interacción, donde las personas pueden conectarse con sus vecinos y asumir un papel activo en la protección del medio ambiente.

Espacios Verdes y Jardines Comunitarios

Los jardines comunitarios y los espacios verdes son vitales para mejorar la calidad de vida y educar a la comunidad sobre sostenibilidad y biodiversidad.

- **Desarrollo de Jardines Comunitarios**: La creación de jardines comunitarios permite a los residentes cultivar sus propios alimentos, aprender sobre agricultura urbana y entender el ciclo de vida de las plantas. Estos espacios fomentan la producción local de alimentos y ayudan a reducir la huella de carbono asociada al transporte de productos.

- **Educación sobre Biodiversidad y Ecosistemas**: Los jardines comunitarios son oportunidades educativas ideales. A través de actividades de jardinería, los participantes aprenden sobre la importancia de la biodiversidad, el ciclo del agua y la polinización, promoviendo una comprensión más profunda del medio ambiente.

- **Espacios para la Recreación y la Socialización**: Los espacios verdes sirven como áreas de recreación y socialización, donde las comunidades pueden reunirse y compartir experiencias. Estos entornos fomentan la cohesión social y la colaboración entre vecinos.

- **Iniciativas de Reforestación Local**: Los proyectos de reforestación en áreas comunitarias ayudan a restaurar hábitats y mejorar la calidad del aire. Involucrar a la comunidad en estas iniciativas genera un sentido de orgullo y responsabilidad hacia la naturaleza.

La creación de espacios verdes y jardines comunitarios no solo mejora el entorno local, sino que también educa y une a los miembros de la comunidad en torno a la sostenibilidad.

Limpieza y Restauración de Ecosistemas

La participación en proyectos de limpieza y restauración es una forma efectiva de sensibilizar a la comunidad sobre la contaminación y la importancia de proteger los ecosistemas.

- **Limpieza de Ríos, Playas y Parques**: Organizar jornadas de limpieza en espacios naturales permite a los ciudadanos ver de primera mano el impacto de los residuos en el medio ambiente. Estas actividades promueven la colaboración y fortalecen el compromiso colectivo con la conservación.

- **Restauración de Hábitats**: Los proyectos de restauración de hábitats, como la reforestación o la recuperación de áreas degradadas, son vitales para mejorar la salud de los ecosistemas locales. Involucrar a la comunidad en estas iniciativas fomenta un sentido de propiedad y responsabilidad sobre su entorno.

- **Educación sobre el Impacto de los Residuos**: A través de proyectos de limpieza, los participantes aprenden sobre la relación entre sus hábitos de consumo y la contaminación. Esta educación práctica ayuda a sensibilizar sobre la necesidad de reducir los residuos y adoptar un estilo de vida más sostenible.

- **Promoción de la Conservación de Especies**: Los proyectos que involucran la conservación de especies locales y la protección de ecosistemas críticos son oportunidades para educar a la comunidad sobre la biodiversidad y la importancia de proteger a las especies en peligro.

Los proyectos de limpieza y restauración de ecosistemas empoderan a las comunidades y les brindan la oportunidad de actuar directamente en la conservación de su entorno.

Consumo Responsable y Cero Residuos

Las campañas de consumo responsable y cero residuos son efectivas para sensibilizar a la comunidad sobre la importancia de adoptar hábitos sostenibles.

- **Educación sobre el Consumo Responsable**: Las campañas que promueven el consumo responsable abordan temas como la reducción del uso de plásticos, la compra de productos locales y la elección de productos con menor impacto ambiental. La información clara y accesible puede influir en las decisiones de compra de los ciudadanos.

- **Desarrollo de Iniciativas de Cero Residuos**: Las iniciativas de cero residuos fomentan la reducción, reutilización y reciclaje de materiales. Estas campañas pueden incluir talleres sobre cómo hacer productos de limpieza caseros, cómo reutilizar materiales o cómo compostar en casa.

- **Creación de Desafíos Comunitarios**: Organizar desafíos comunitarios para reducir el uso de plásticos o residuos puede motivar a los ciudadanos a participar activamente y compartir sus experiencias. La competencia amistosa puede resultar en cambios de comportamiento y una mayor conciencia sobre la sostenibilidad.

- **Colaboración con Empresas Locales**: Las campañas de consumo responsable pueden incluir colaboraciones con empresas locales que promuevan productos sostenibles. Al asociarse con estos negocios, se apoya la economía local y se fomenta un cambio positivo en la comunidad.

Las campañas de consumo responsable y cero residuos inspiran a los ciudadanos a adoptar hábitos más sostenibles y a convertirse en defensores del medio ambiente.

Promoción de la Energía Limpia en los Hogares

Fomentar el uso de energía limpia y la eficiencia energética en los hogares es un paso importante para reducir la huella de carbono de las familias.

- **Instalación de Energías Renovables**: Promover la instalación de paneles solares y otras fuentes de energía renovable en los hogares permite a las familias reducir su dependencia de combustibles fósiles y disminuir sus facturas de energía.

- **Uso de Electrodomésticos Eficientes**: Educar a la comunidad sobre la importancia de utilizar electrodomésticos eficientes energéticamente contribuye a la reducción del consumo de energía en el hogar. Ofrecer incentivos o subsidios para la compra de estos dispositivos puede motivar a más familias a realizar cambios.

- **Talleres de Eficiencia Energética**: Organizar talleres sobre cómo mejorar la eficiencia energética en el hogar, como la adecuada aislación de ventanas y puertas, el uso de iluminación LED y la reducción del consumo energético, puede ayudar a los ciudadanos a implementar cambios sencillos y efectivos.

- **Creación de Grupos de Energía Limpia**: Fomentar la creación de grupos comunitarios enfocados en la promoción de energía limpia puede incentivar a las familias a adoptar prácticas sostenibles, compartir recursos y colaborar en proyectos que fomenten el uso de energía renovable.

Promover la energía limpia en los hogares no solo beneficia al medio ambiente, sino que también permite a las familias ahorrar dinero y mejorar su calidad de vida.

Crear una cultura de responsabilidad ambiental en la comunidad es esencial para el compromiso colectivo con la sostenibilidad. A través de la organización de eventos de concienciación, la creación de espacios verdes, la participación en proyectos de limpieza, las campañas de consumo responsable y la promoción de la energía limpia, se construye una sociedad más consciente y activa en la protección del medio ambiente. Este compromiso comunitario no solo genera un impacto positivo en el entorno local, sino que también inspira a otros a unirse a la causa, creando un efecto multiplicador en la lucha por un futuro más sostenible.

La educación y la conciencia ambiental son fundamentales para empoderar a la sociedad en la transición hacia un futuro más sostenible. Desde la formación de los más jóvenes hasta la educación de profesionales y la creación de comunidades comprometidas, cada esfuerzo contribuye a la protección del planeta. Al implementar programas educativos, fomentar la transparencia y promover una cultura de sostenibilidad, podemos construir una sociedad más informada y responsable, capaz de enfrentar los desafíos ambientales con conocimiento y compromiso. La educación ambiental es una inversión en el futuro, que garantiza un mundo más sano, equilibrado y justo para las generaciones venideras.

EL FUTURO ESTÁ EN NUESTRAS MANOS

En un mundo que enfrenta el cambio climático como uno de los retos más significativos de nuestra era, es fundamental recordar que el futuro de nuestro planeta está en nuestras manos. Cada pequeño paso que damos, cada decisión que tomamos puede tener un impacto profundo en el entorno que nos rodea y en el legado que dejaremos a las futuras generaciones. Este momento es crucial para reflexionar sobre la responsabilidad colectiva que compartimos y para reconocer que la lucha contra el cambio climático no es solo un desafío para los gobiernos o las grandes corporaciones, sino una llamada a la acción que nos incumbe a cada uno de nosotros. No importa quiénes seamos, de dónde venimos o cuál es nuestro contexto; todos compartimos este hogar llamado Tierra, y es nuestra obligación cuidarlo y protegerlo.

A medida que el clima del planeta sigue cambiando, los efectos son cada vez más evidentes y se sienten en cada rincón del mundo. Desde las sequías devastadoras que arrasan tierras agrícolas hasta las inundaciones catastróficas que destruyen comunidades, desde el aumento de las temperaturas que amenaza la salud de millones de personas hasta la pérdida irremediable de biodiversidad, estos problemas nos afectan a todos. Sin embargo, son las comunidades más vulnerables las que sufren las consecuencias más severas, lo que resalta la urgente necesidad de un enfoque equitativo y justo en nuestras soluciones. Este es un momento para mirar a nuestro alrededor, para reconocer el sufrimiento de quienes son más afectados, y para unirnos en la búsqueda de respuestas.

Es fundamental que cada uno de nosotros comprenda que, aunque nuestras acciones individuales pueden parecer pequeñas en comparación con la magnitud del problema del cambio climático, la suma de nuestros esfuerzos puede generar cambios significativos. Cada decisión que tomamos, desde cómo nos desplazamos hasta lo que consumimos, tiene el poder de influir en el medio ambiente. Al optar por hábitos de consumo responsables, participar en iniciativas comunitarias y educar a quienes nos rodean, estamos contribuyendo a un movimiento más grande. La suma de pequeñas acciones, desde dejar el coche en casa y optar por la bicicleta o el transporte público, hasta el simple acto de llevar una bolsa reutilizable al supermercado, puede dar lugar a una ola de cambio.

La educación y la concienciación son herramientas poderosas en esta lucha. Reflexionar sobre el papel de la educación ambiental es esencial para empoderar a las futuras generaciones. Al cultivar la conciencia sobre el impacto de nuestras decisiones y acciones, estamos sembrando las semillas del cambio en las mentes y corazones de los jóvenes. Es fundamental empoderar a las nuevas generaciones para que se conviertan en defensores del medio ambiente, para que comprendan la magnitud de los desafíos que enfrentamos y se sientan inspirados a actuar. Cuando enseñamos a los niños y jóvenes sobre la importancia de cuidar nuestro planeta, les estamos otorgando las herramientas necesarias para construir un futuro más sostenible y justo.

A pesar de la gravedad de la situación, nunca debemos perder la esperanza. Cada día, surgen innovaciones y prácticas sostenibles que demuestran que un futuro mejor es posible. Existen historias inspiradoras de comunidades que se han unido para restaurar ecosistemas, de empresas que han adoptado modelos de negocio sostenibles y de individuos que han decidido hacer del planeta su prioridad. Estas historias son un testimonio del poder de la acción colectiva y de la capacidad humana para adaptarse y superar desafíos. Nos recuerdan que, a pesar de las adversidades, siempre hay espacio para la esperanza y la transformación.

Reconocer que nuestras acciones de hoy impactarán a las futuras generaciones es una llamada a la responsabilidad intergeneracional. Al comprometernos a construir un futuro más sostenible, estamos asegurando un mundo habitable para quienes vendrán después de nosotros. Este legado es un tesoro que debemos valorar y proteger. La urgencia de nuestras acciones se traduce en una oportunidad para innovar, para redescubrir nuestra relación con el planeta y para crear un entorno más saludable y resiliente. El cambio climático no solo es una crisis; es un momento de reflexión, un instante en el que podemos revaluar nuestras prioridades y hacer de la sostenibilidad una parte fundamental de nuestras vidas.

Este es una llamada a cada uno de ustedes, a cada individuo que se siente abrumado por la magnitud de la crisis, a cada joven que sueña con un futuro mejor, y a cada anciano que ha visto el mundo transformarse. El futuro está en nuestras manos, y es nuestra responsabilidad asegurarnos de que sea un futuro que refleje nuestros valores de cuidado, respeto y amor por el planeta. Abracemos este desafío con optimismo y con la convicción de que cada uno de nosotros puede marcar la diferencia.

Invoquemos el espíritu de colaboración y unidad, porque juntos somos más fuertes. Que nuestra lucha sea por un mundo donde la sostenibilidad sea la norma y no la excepción, donde cada acción cuenta y donde cada voz es escuchada. Sigamos adelante, tomados de la mano, hacia un futuro más brillante y sostenible. Actuemos ahora, porque el cambio no es solo posible, es nuestra responsabilidad y nuestro privilegio.

¡El futuro está en nuestras manos!

LECTURAS RECOMENDADAS

- **"La Tierra Inhabitable: Vida Después del Calentamiento"** por David Wallace-Wells
  Un análisis impactante de las posibles consecuencias del cambio climático si no actuamos de inmediato.

- **"Esto Cambia Todo: El Capitalismo contra el Clima"** por Naomi Klein
  Una crítica poderosa de cómo el sistema capitalista está intrínsecamente vinculado al cambio climático y cómo podemos transformar nuestra economía.

- **"La Sexta Extinción: Una Historia No Natural"** por Elizabeth Kolbert
  Un examen de la pérdida de biodiversidad y cómo el cambio climático está acelerando la extinción de especies.

- **"Drawdown: El Plan Más Completo Jamás Propuesto para Invertir el Calentamiento Global"** editado por Paul Hawken
  Este libro presenta soluciones prácticas y factibles para abordar el cambio climático.

- **"En salvaje compañía"** por Manuel Rivas
  Una novela que explora la conexión entre el ser

humano y la naturaleza, y la necesidad urgente de cuidar nuestro planeta.

- **"Field Notes from a Catastrophe: Man, Nature, and Climate Change"** por Elizabeth Kolbert
  Un relato de campo que muestra el impacto del cambio climático en diferentes partes del mundo.

- **"This Is How You Lose the Time War"** por Amal El-Mohtar y Max Gladstone
  Una novela de ciencia ficción que explora la conexión con la naturaleza y el impacto de nuestras acciones en el tiempo.

- **"Climate: A New Story"** por Charles Eisenstein
  Una reflexión profunda sobre cómo debemos cambiar nuestra narrativa en torno al clima y la naturaleza.

- **"Braiding Sweetgrass: Indigenous Wisdom, Scientific Knowledge, and the Teachings of Plants"** por Robin Wall Kimmerer
  Una obra que entrelaza la sabiduría indígena con la ciencia, destacando la relación entre las personas y la naturaleza.

- **"The Overstory"** por Richard Powers
  Una novela que entrelaza las vidas de varios

personajes con la vida de los árboles, explorando la interconexión entre humanos y naturaleza.

- **"The Hidden Life of Trees: What They Feel, How They Communicate"** por Peter Wohlleben
Un libro que revela el fascinante mundo de los árboles y su papel en el ecosistema.

- **"Los Límites del Crecimiento"** por Donella Meadows et al.
Un estudio clásico sobre el crecimiento poblacional y la sostenibilidad en un mundo finito.

- **"No One Is Too Small to Make a Difference"** por Greta Thunberg
Una colección de discursos de la activista climática, inspirando a las personas a actuar frente a la crisis climática.

www.ingramcontent.com/pod-product-compliance
Lightning Source LLC
Chambersburg PA
CBHW032211220526
45472CB00018B/669